喜阅奇迹
MIRACLEMAKING

U0305847

植物的秘密生活

[法]弗乐·斗盖
·著·

张碧思
·译·

台海出版社

性，不仅在人类生活中扮演着重要的角色，也是植物生存所面临最核心的问题之一。

——杰克·古迪《花朵中的文化》

致我的双亲、我的姐妹和巴斯卡尔。

目录

前言……001

第一章

植物的繁殖方式概览……001

无性繁殖的技巧……001

苔藓植物和蕨类植物……004

像种子一样光溜溜……009

象征爱情的球果……011

花朵的绝对优势……014

被隔开的空间……017

独立的房间……021

无缘相见……022

一切随风而去……024

埃俄罗斯的甜言蜜语……027

来自花朵的诱惑……028

双受精现象……037

第二章

古代，无法想象的植物性生活……041

植物的禁忌之爱……042

以枣椰树为例……046

从植物的性别到分类……049

关于植物的神话……055

捉摸不定的女神……067

双面玫瑰……072

第三章

中世纪的标志性植物，从神圣到活泼……079

马利亚与百合……081

马利亚与玫瑰……085

浮想联翩的中世纪花园……089

《玫瑰传奇》……096

生命之树……102

第四章

欧洲近代时期人们对植物认识的进步……104

十六世纪……104

十七世纪……109

播种论的绝对地位……112

卵源论的诞生……114
精子的发现和精源论……118
回归植物本源……119
教会的应对措施……122
十八世纪……129
教会采取的新干预手段……145
关于植物的性的论战……151

第五章
现代：解开传粉的秘密……163
花粉管的发现……170
植物学家们的杰出成就……176

第六章
从西方走向世界……186
阿拉伯世界的植物……187
古印度……194
古代中国……198

结束语：那么，植物的性到底存在吗？……205

前言

今天，如果我们说起植物的性别，大多数人应该都不会感到惊讶。众所周知，植物和动物一样也有雌雄之分。然而，从人们开始以认识的眼光看待植物到十七世纪末，在这大约两千年的时间里，许多植物学家一直试图否认这个事实，人类始终认为植物是大自然中“纯洁”的存在，不需要性就可以繁衍后代。直到近代，植物生殖的秘密完全被揭开，这一观点才逐渐被社会承认并接受。在这个漫长的历程中，不仅有科学界人士之间的大量冲突和论战，

左页图：《植物圣殿》（*The Temple of Flora*），罗伯特·桑顿著，1807 年

《花神、酒神与谷神》（*Flore, Bacchus et Cérès*），贾斯珀·范·德·兰恩，十七世纪初期

也伴随着自然科学和宗教观念之间的斡旋。

在这本书中我们将首先找到问题所在，然后再运用科学、历史这两个方面的知识对其做出解答。在动笔写这本书的时候，我也向自己提出了两个最基本也是最重要的问题：为什么从古代开始人们就一直把植物作为纯洁的代表，并且不断加深这种观念？人们又是如何通过科学探究，最终对植物的性有了正确的认识？

研究过程中，我发现很多科学家所持的观点都与其所处的时代、社会文化和宗教信仰有着密不可分的联系。因此，让我感兴趣的不仅是与植物相关的科学观念演变的过程，还有其背后的象征意义。

这一点在花朵身上表现得尤为明显，它在性这方面的象征意义一直在两个极端中摇摆：花既可以是天真、烂漫、纯洁的代表，又可以作为贪婪、情欲、淫乱的隐喻。而这本书中所探讨的内容也可以被概括成一个类似的悖论：一方面，在宗教的影响下，人们曾在数个世纪内一直否认植物中性的存在；另一方面，花朵作为植物的生殖器官，用其明艳的色彩和美丽的外表不断向人们展示着植物的性，花朵本身也成为了繁荣、爱情、喜悦和情欲的代名词。

本书的第一章旨在向读者简单介绍苔藓、蕨类和花卉植物的性以及它们的繁殖方式。这些基础知识不仅可以帮助大家对植物学有一些基本的了解，也可以让大家设身处地地去思考历史上的植物学家们都曾遇到了哪些问题，他们又是如何以科学的方式去探索植物世界，进而去解决这些问题的。比如让读者在了解了花朵授粉的方式之后，再去看植物学家们为了破解这个谜团所做的种种探索和努力，一定会对此更有感触。

第二章主要讲的是在古希腊和古罗马时期，一些早期的宗教观念和社会文化是如何影响了当时的哲学家们对植物的研究。我们将会看到植物是如何在最初被当作纯洁的象征，又在后来被赋予了另一层含义，和性、生殖甚至淫乱联系在了一起。

中世纪时期，将自然界中的现实存在意象化的做法非常盛行，人们乐于赋予植物以象征意义，在第三章中我们将对此做出详细的描述。在这一时期，植物学家们的工作似乎陷入了停滞，植物学方面的研究无大进展，但花卉却始终在人类的思想观念中扮演着一个矛盾的角色，它在代表情欲和贞洁这两个截然相反的概念中来回游走。到了欧洲的近代时期，对植物的科学研究又再次兴起，我们将在第四章中讲到这部分内容。植物是否有性别之分？这个最基本的问题再次回归大众视野，成为植物学家们研究的重点。十七世纪末，植物有性生殖的第一个确凿证据终于出现了，但那时的人们却并没有马上接受这个事实。所以关于植物是否有性的争论一直持续到了我们所处的现代，也就是第五章的内容。所幸的是，目前所有关于显花植物和隐花植物繁殖方式的疑问都已经被逐一解决。

既然认知植物是全人类共同的愿望，那么把视野仅仅局限在西方显然是不太合适的。在本书的最后一个章节，我们将会把视野从欧洲转向世界，看

《正在记录曼德拉草的迪奥斯科里》（*Dioscoride décrivant la mandragore*），
欧内斯特·波尔，1909 年

看东方文化中对于植物的认识和描述。虽然这一章节的篇幅有限，无法做到详细周全地对各个文化进行介绍，却也能让我们大致了解其他文化中的人们是如何看待植物的，从而使这本关于植物性别之争的书能够更加丰满和生动有趣。

第一章
植物的繁殖方式概览

无性繁殖的技巧

在自然界中，并不是所有的植物都需要通过性来进行繁殖。我们把这种不需要受精的过程，由母体的一部分直接产生子代的繁殖方式，称作无性繁殖。由于在这种情况下，亲体不通过生殖细胞就可以直接产生后代，我们也可以把产生的这些新个体看作是一种对亲体的复制，或者说是克隆。

无性繁殖在植物界中非常常见，具有各种各样

左页图：微观黄壶藓

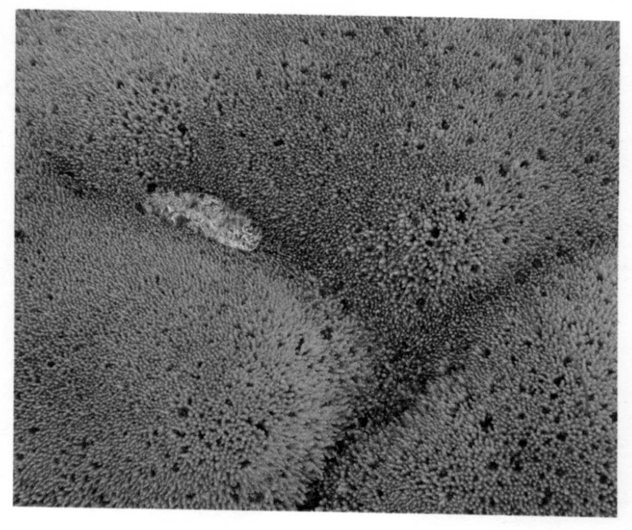

苔藓

的形式，比如扦插就是运用无性繁殖的原理，它是园艺植物繁殖最为简便的方法之一。只需要把亲体（比如果树）的一部分折下，然后插入土中，就可以等待其长成一个新的个体，这种繁殖方式在苔藓和多肉植物中尤为常见。而树莓一般是用压条的方式实现大面积的快速繁殖，只要将它枝条的先端埋入土中，便可发出新梢和不定根，从而形成新的独立幼苗。蕨类植物和鸢尾等宿根花卉都可以采用分株繁殖的方法，即通过根茎实现繁殖，通常我们所说的根茎指的是延长的根状地下茎。分株繁殖需将花卉根茎上的萌芽与母株分离，从而形成一个新的苗木，发育成自己的“克隆体”。这些无性繁殖的方法简单高效，因此在自然界中无性繁殖出现的频率很高。

但无性繁殖的缺点在于，因为是由唯一一个亲体产生的后代，其子代携带的遗传物质与亲代完全相同，这种无性单亲遗传是自然界中一种比较原始的繁殖方式，因此从某种角度来说，它给物种的延续带来了极大的风险。假设随着时间的推移，物种生存的环境和条件都不发生任何变化，那么这种植物的生存便永远不会遇到任何问题，会一直顺利地繁衍下去。但现实的情况是，自然条件不可能一成不变，气候、土壤、空气，以及来自天敌的威胁，各种各样的因素无时无刻不在发生着改变。如果一种植物的所有植株都是来自同一亲体的克隆体，它又对水分的要求较高的话，那么一旦出现干旱的状况，这个物种就会面临灭绝的危险，而干旱只是自然界中一种再正常不过的气候现象罢了。我们再假设另一种情况，如果这种植物的每棵植株所携带的基因都不相同，那么其中总有一些会相对而言抗旱能力较强，能够在干旱的气候条件下幸免于难，这些幸存下来的植株会把抗旱能力通过基因再传递给它们的下一代，从而适应自然环境的变化。对于自然界中的生物而言，有性繁殖可以不断将不同个体的基因进行组合，产生独一无二的后代。也就是说，有性繁殖的后代种群基因更具多样性，无疑可以更好地适应不断变化的自然环境。

苔藓植物和蕨类植物

苔藓植物最早在 4 亿年前就出现在了地球上，它们是最早离开大海，由水生变为陆生的植物。和蕨类植物一样，苔藓植物与藻类植物有着共同的祖先，水对于它们的繁殖来说至关重要。以上三种植物，也就是藻类、苔藓和蕨类植物构成了植物界中一个重要的大类——隐花植物，即不产生种子而是以孢子进行繁殖的植物。虽然隐花植物不会像显花植物那样把繁殖器官（花朵）暴露在外，但这并不代表它们的“性生活”就不活跃。比如常常生长在墙脚或是腐木上的苔藓和蕨类植物，在植株的成长阶段，我们把它叫作配子体，因为这时在植物的叶片上携带着雄配子和雌配子。雄配子又叫作游动精子，相当于动物的精子；雌配子又叫作卵，它就相当于动物的卵子。有两个鞭毛的雄配子一旦脱离亲体被放到自然环境中，就要借助天时地利游到雌配子的身边，而雌配子只需要静静等待。苔藓植物和蕨类植物的配子体构造简单，在有性生殖时必须借助于水，如果没有水，就会导致雄配子和雌配子无法相遇。

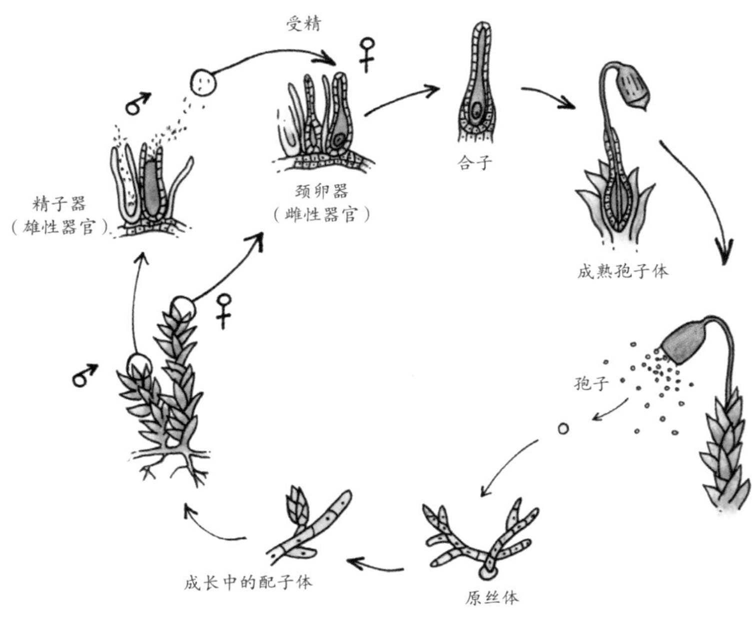

苔藓植物和蕨类植物的繁殖方式示意图

苔藓植物和蕨类植物的孢子体

如果雄配子和雌配子能够顺利结合，它们就会产生出孢子体，孢子体会寄生在配子体上，它的形状就好似一个微缩版的落地灯（如图所示）。

孢子体只在每年一个特定的时间段内是可见的，而且就和它的名字一样，里面装着很多孢子。一个像胶囊一样的外衣会把孢子们包裹起来，它的上面长着一些像牙齿一样的结构，在天气潮湿的时候牙齿会咬得紧紧的，以保护脆弱微小的孢子；而在天

蕨类植物上的孢子囊群

气干燥的时候则会打开，这时候小小的孢子就能随风飘散，在落地之后，如果温度和湿度都比较适宜，孢子就会开始萌发，长成类似于藻类的原丝体，它再进一步分化，上面长出嫩芽，形成一个新的配子体。

从灌木丛到山间的溪流旁都可以找到蕨类植物的身影，它们出现得比苔藓植物要晚一些，而两者的相同之处是它们都是靠两个完全不同的器官来繁衍后代的。在这里值得一提的是，蕨类植物和苔藓植物的繁衍方式并不完全相同，蕨类植物的孢子体远比配子体发达，而且十分显眼，在叶片的背面有一堆堆橙色或褐色的小颗粒，这就是蕨类植物的孢子囊群。孢子囊群由一些显微镜下才能看得见的小球组成的，这些小球就是孢子囊，孢子囊里面装着的就是大家所熟知的孢子了。当孢子已经成熟，而且天气较为干燥的时候（和苔藓植物一样），孢子囊会自动打开，让孢子随风散开，去到更远的地方。孢子发芽后会形成原叶体——一个绿色的指甲盖大小的心形结构。这个原叶体就相当于一个小配子体，配子体腹部长出精子器和颈卵器。游动精子要借助水一直游到颈卵器中的卵的身边，在这里如果没有水作为媒介的话，游动精子便永远无法和卵相遇并结合。如果受精的过程顺利，就会逐步萌发然后长出地下根状茎，继而长出茂盛的叶片。至此，一个生命循环的周期就结束了，下一个又即将开始。在叶片的背面又会再一次长出一颗颗孢子囊，然后孢子又会离开母体开始新的旅程，去悄悄地找到自己的另一半（见以下示意图）。

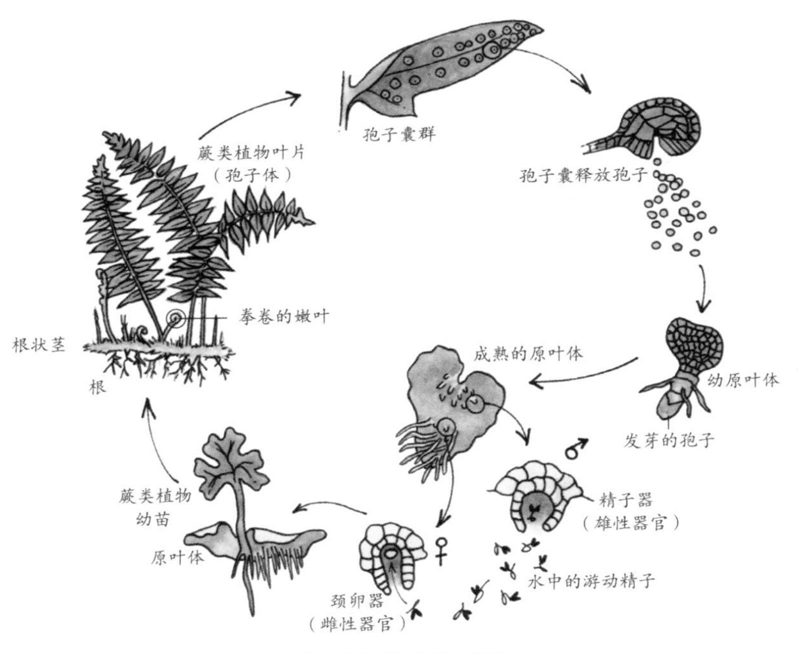

蕨类植物繁殖过程示意图

像种子一样光溜溜

与隐花植物相对的，就是显花植物了。而比起隐花植物这种较为“低调含蓄”的繁殖方式，显花植物要“落落大方”许多。显花植物主要是指肉眼可见其花朵、果实，靠种子繁殖的植物，我们也称

欧洲落叶松的松果

它们为种子植物。在植物繁殖方式漫长的演变过程中，种子的出现堪称一场革命，因为它可以把植物的胚胎包裹起来，从而延缓它们发芽的时间。对于隐花植物而言，所处环境的自然条件因素直接决定了其孢子是否能够发芽，而显花植物的种子则可以把自己藏在地下，等待时机成熟再发芽也不迟。与此同时，显花植物已经完全适应了陆生，雄配子无需再游到雌配子身边，水不再是完成繁殖所必需的媒介。不仅如此，它们还在光天化日之下炫耀它们的爱情和生殖器官——花朵。广义上，显花植物包含裸子植物和被子植物。裸子植物的意思就是“种子裸露”的植物，主要包含目前已知的所有球果植物；而被子植物的意思就是“种子被包裹”的植物，包含所有的花卉植物。

象征爱情的球果

裸子植物是显花植物中最早出现的物种，包含现存所有的球果植物和银杏。银杏树历史悠久，最早出现在2.7亿年以前，所以它也被称为前裸子植物。大约2亿年前的侏罗纪是裸子植物的极盛期，其数量在植物界具有绝对的统治地位，共有4.8万个物种，之后种种原因逐渐减少，目前裸子植物大约只有1千个物种了。银杏是裸子植物银杏纲唯一的现存物种，和它同纲的其他所有物种都已灭绝，只能从化石中寻找它们的踪迹，所以人们有时也会将裸子植物和球果植物这两个概念混用。

球果植物都没有花，比如松树、冷杉、落叶松、紫衫和其他一些柏树，但与之相对的，它们都有球果。在春季，松树的不同枝杈上会先后长出雄性和雌性的球果，一堆堆年轻的黄色雄性球果顺着新芽率先长出，球果上带着花粉囊，等到花粉成熟的时候，一阵风来就会把这些浅棕色的游动精子都吹散开来。

法国朗德省的居民对于这样的现象应当十分了解，因为这里生长着几万株海松。每年到了花粉成

熟的季节，人们就会看到海松的雄性球果产生的“能量”是如此强大，以至于乡间小路都会被它们金色的花粉给铺满。

每个花粉粒中都有两个小气球，里面既储藏了一些气体，也住着配子。它的结构就像一个小小的宇宙飞船，不过这飞船是要借助风力前进的。那些长在新枝末端的雌性球果，也就是未来的松果，成长得要相对慢一些。之所以不着急，是因为雌性的球果需要耐心等待花粉的成熟，然后花粉粒会随机地落在雌性球果上，当那颗幸运的花粉落到胚珠上时，球果上的鳞片就会慢慢闭合，像一个保险箱一样把小小的松果给包起来。球果会开始慢慢发育，在传粉后的第二年春天发生受精，花粉粒的内壁上会向外伸出一个细管——花粉管，用来将其携带的精子运送至雌配子内。受精之后，球果会迅速生长变大，慢慢从绿色变成褐色，产生种子，鳞片在球果成熟之前都保持封闭的状态，而成熟之后，鳞片就会迅速张开，让种子脱落，从而繁衍子孙后代。

左页图：帚石楠

花朵的绝对优势

被子植物出现在球果植物之后，也就是距今大约 1.5 亿年的时候，它们的数量在侏罗纪时期出现了爆炸式的增长。就在恐龙灭绝之前的 5000 万年里，它们的足迹已经遍布整个地球。但地球上的第一朵花是如何出现的？这仍是一个未解之谜。科学界关于被子植物的起源存在多种假说，目前尚没有定论。

生长在新喀里多尼亚的无油樟被认为是和被子植物的祖先最为接近的植物，因为它是现存被子植物中最早和其他被子植物分开演化的，其花朵还具有远古时期的特征。关于基因和古植物学的研究也表明，现存的花卉植物都来源于木兰目，木兰目历史悠久，现在我们可以看到的植物如玉兰就属于木兰目。其中著名的阿诺德大花草直径可以达到 1.5 米，重量可达 11 千克，是目前已知世界上最大的花朵。

花朵是被子植物的生殖器官，得益于这个结构，如今被子植物在植物界共有 30 万个物种，大约占到了地球上所有植物的九成。被子植物的绝对优势在

右上：黄花月见草

右下：龙胆草

于它们大多利用昆虫来进行传粉，保证雌雄配子最终的结合，虫媒这种有针对性的传粉方式，明显要比球果植物的风媒传粉有效得多。除此以外，花朵本身也可以起到保护的作用，多亏了这个既美丽又稳固的结构，被子植物的雌配子比苔藓植物或裸子植物的雌配子要安全得多，被子植物的卵被包裹在胚珠里，而胚珠外面还有子房，再加上萼片又形成了一层保护。花朵在受精之后，胚珠发育成种子，包裹着种子的子房将会发育成果实。

大部分被子植物的花朵都是雌雄同株的，就好比同时具有雄性和雌性的生殖器官（见下图）。我们都知道动物和人类一定要尽量避免近亲繁殖，因

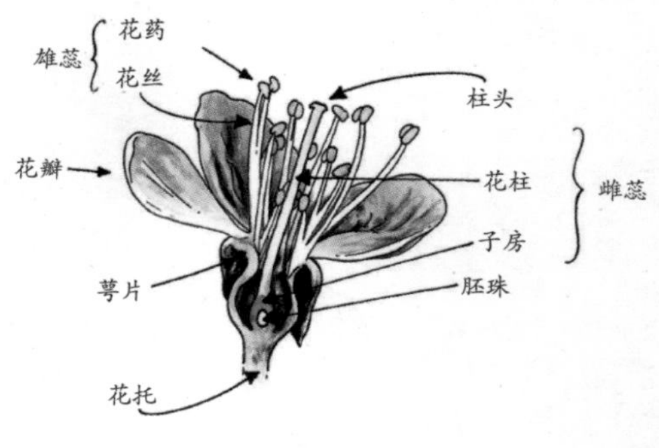

雌雄同株的花朵剖面图

为如果父母之间有亲属关系，就容易导致后代存在基因上的缺陷。对植物来说，也存在同样的问题，我们把这样的现象叫作自花受精，通俗地说就是自己跟自己结婚或者自己和自己生孩子的意思。性之所以存在，就是为了通过不同个体之间的组合来保证生物种群后代基因的多样性。说到这里，自花受精已经比较为原始的无性繁殖前进了一大步，却还没有解决如何避免自花受精这个问题。

被隔开的空间

为了有效防止自花受精，一些植物采取了雌雄异株的方法。就像大部分动物一样，植物的一些植株是雄性的，而另一些则是雌性的，雌雄异株的植物有荨麻、开心果树、柳树、冬青等。不过自然界中雌雄异株的植物还是相对较少，与之相对的是雌雄同株的植物，也就是在一棵植株上分别长着雄花和雌花，或者花朵中长着雄蕊和雌蕊。很多草本植物都是雌雄同株的，比如最常见的玉米和小麦，另外，橡树、栗树、山毛榉和榛树也都是雌雄同株的植物。

它们通过风媒来传粉，让花粉被风带到很远的地方，但现实中这不能完全避免自花受精的发生，因为一棵植株雄花的花粉有可能就正好落在了同一棵植株的雌花上，这甚至是经常会出现的状况。有些雌雄同株的植物比如榛树，在它们的雌花上会有多个簇生枝端，从而对受粉的情况加以控制。既然雌花不能阻止同株雄花的花粉落在自己的柱头上，它们可以通过荷尔蒙来进行筛选。显然，雌花会更青睐来自别的植株的花粉，如果花粉上携带的基因与自身过于相似就会被认为是不合适的，雌花会转而去选择其他的花粉，换句话说，与雌花的基因差别越大的花粉，对它来说越具有吸引力。而万一风没能吹

黑叶柳的雄性柔荑花序

榛树的雌花

来任何来自其他植株的花粉，这时候雌花还有一个保底的选择，就是和同一棵植株上雄蕊的花粉进行繁殖，也就是自花受精，这样的结局虽然并不理想却也比不留下任何后代要强。

如果一棵植物上的花既有雄蕊，也有雌蕊，就被称为雌雄同花。如何避免自花受精这个问题对于雌雄同花的植物来说要更加复杂，因为在大多数花卉植物中，雄性和雌性的区分并不是那么严格，雄蕊和雌蕊往往在同一个花冠里共存。那么为什么通过自然的演化，这种看起来极易导致自花受精的构造反而成了主流呢？为什么不是雌雄异株或者其他可以避免自花受精的结构呢？大自然给我们的回答直截了当：因为这样的选择更加经济。在要付出的代价和带来的好处之间，大自然无时无刻不在进行着权衡，而事实证明，如果赋予整棵植株单一的性别（雄性或者雌性），也就是我们所说的雌雄异株，从结果上来说并不合算。雌性植株会在受精之后结果，以果实的方式繁衍后代，而雄性植株在传粉之后，就算是实现了自己生命的价值。我们设想一下，如果某种植物一半的植株是雄性，一半的是雌性的话，那么雄性的这一半在散播了花粉之后，从生物繁衍

的角度来说它们的使命就已经结束了，没有了任何存在的价值。大自然怎么能接受这样巨大的“浪费”呢？而如果所有的植株都既是雄性又是雌性的话，每棵植株就都能承担类似于母亲的角色，可以充分繁衍后代了。这样就解释了为什么在自然界中存在着大量雌雄同株（或雌雄同花）的植物。既然如此，那这些雌雄同株的植物该如何避免自花受精的发生呢？其实，它们中的一些已经在真正意义上实行了“性别隔离制度”。

独立的房间

报春花和疗肺草的花柱和花丝有两种不同的形态，一种是花柱长、花丝短的长柱花，一种为花丝长、花柱短的短柱花，我们把这种现象叫作异花柱花或者异形花（见下页示意图）。而它们的分布也是有规律的，通常相类似的植株会长在一起。在传粉的时候，因为长柱花和短柱花花粉的大小不同，所以

左上：报春花
左下：疗肺草

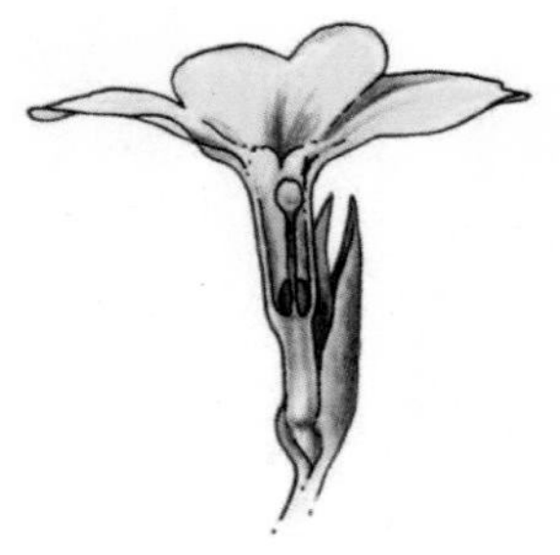

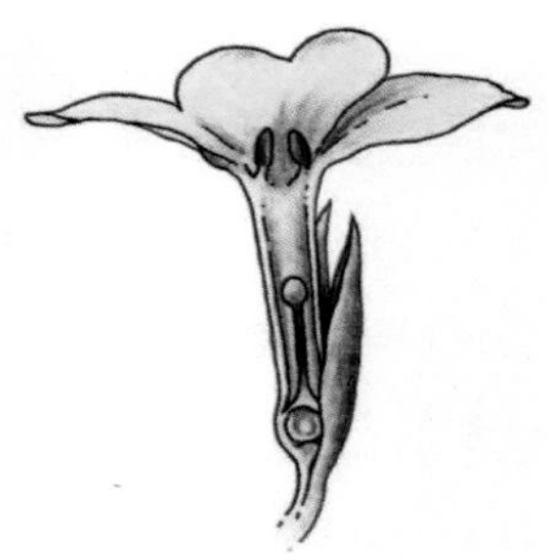

花柱长、花丝短的报春花　　花丝长、花柱短的报春花

异花柱花示意图

只有长柱花的花粉落在短柱花的柱头上，或者短柱花的花粉落在长柱花的柱头上时，才可以成功授粉，这样就完美地避免了自花授粉的情况。在这个基础上，千屈菜进化得更加彻底，其植株的雌蕊和雄蕊有短、中、长三种高度，更充分地避免这种情况的发生。

无缘相见

另一种避免自花受精的有效方式，就是控制雄蕊和雌蕊成熟的时间，让同一植株的花粉和柱头永远无法相遇。比如，新疆柳叶菜会在花柱成熟之前

柳叶菜

就散播出自己的全部花粉，换句话说，植株的花朵会根据时间的变化而完全改变性别，它首先是作为雄性生殖器官来散播花粉，然后随着时间的推移，花柱渐渐成熟，此时的花朵会变成雌性的，等待来自其他植株的花粉完成受精。这样一来，只有不同的花朵之间才能实现传粉。由于所有植株的花期多少会有些差异，所以当一些花朵还在散播花粉的时候，另一些已经变成雌性的了，它们两者之间就可以完成传粉这一过程。虎耳草的雄蕊在结束传播花粉的使命后会开始退化，并最终掉落让位给雌蕊，以避免自花授粉的发生。但这样真的能完全杜绝吗?并不尽然!现实中也可能一个雄蕊偶然没有剥落,从而导致了自花受精的情况。植物之间的爱情往往是无法预测的,比如风铃草就会始终保留和自己结合的可能,它的雄蕊会在雌蕊形成之前就退化,所以理论上说不会有自花授粉的情况发生。但如果恰巧没有任何来自其他植株的花粉落在柱头上的话,风铃草还有一个万不得已时要用到的最后手段——当雄蕊在散播花粉的时候,会在雌蕊中留下一些,一旦最坏的情况发生,雌蕊柱头上的裂片就会打开,用这些花粉进行繁殖。

一切随风而去

花粉的传播方式有两种,一种是风媒,一种是虫媒。通过风媒传播的花粉一般比较干燥,很容易被风吹走,而通过虫媒传播的花粉则通常比较黏,

---

右页图:《安东尼·范·列文虎克与显微镜》插图,埃内斯特·博德,年代未知

容易粘在昆虫的毛、脚、翅膀或者触须上。在风媒的植物中，有不少柔荑花序类的植物，比如杨树、胡桃、栗树、榛树、白桦，以及一些草本植物，比如香蒲、车前草和所有的禾木植物。通过风的传播，花粉可以被带到很远的地方，就算是孤零零的一棵树也有可能找到结合的对象。风媒花不需要去吸引昆虫，因而它们不必像虫媒花一样鲜艳夺目，大多数风媒花都是小小的暗绿色的。风媒植物会产出天文级数量的花粉，因为风媒传播靠的是运气，即使有数十亿颗花粉粒，也难保它们不会“误入歧途”，只有巧妙的时机和配合才能让一个花粉粒离开花药，然后成功抵达终点也就是花柱上，所以只有释放出大量的花粉才能尽可能地保证成功。虽然浪费是巨大的，这种方式也还算是行得通，而且在自然界中已经存在了很长时间。风媒并不是大多数植物所选择的传粉方式，生长在欧洲的植物中，大约只有五分之一是通过风媒传粉的，而剩下的五分之四都是通过虫媒。从进化的角度分析，人们一般会认为有昆虫参与的虫媒植物要比风媒植物高级一些，但事实并非如此，因为大自然可不会做类似的价值判断，各种植物会在适应自然环境的过程中，寻求适合自己的繁殖方式。

埃俄罗斯的甜言蜜语

很多较为古老的植物都是风媒植物，比如针叶树，但虫媒这种出现较晚的传粉方式，也并不一定就比风媒要更加先进，荨麻就是一个很好的例子。荨麻的花蜜有一种好闻的味道，所以看起来荨麻和它的祖先们一样，想要吸引昆虫传粉，但让人有些意外的是，荨麻的首选却是通过风来传粉。类似的还有其他一些植物，它们的祖先明明是虫媒植物，

小地榆的雄花

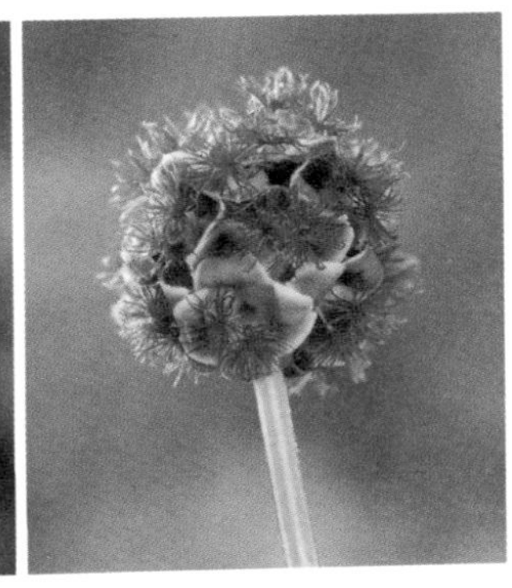

小地榆的雌花

却慢慢开始尝试利用风来传播花粉。它们越来越不依赖于花瓣和蜜腺，这些生产花蜜所必需的构造变得越来越无关紧要，甚至毫无用武之地。取而代之，它们身上慢慢出现了一些用来吸引埃俄罗斯（古希腊神话中的风神）的结构，例如在雄花上长出穗状的花序，让四面八方的风可以带走花粉。禾本科植物的雄蕊不再藏在像洞口一样的花冠里，而是像谷物一样有着长而细的末端，在风中自在地摇曳。与此同时，这些植物的雌蕊也在积极适应新的传粉方式，对于如何顺利捕捉到空气中的花粉这个问题，它们各自给出了创造性的答案，比如榛树和地榆就长出了茂盛的红色柱头，这些鲜艳的柱头就像灵巧的触手一样，可以马上捕获从它们身边吹过的花粉。

来自花朵的诱惑

对于大部分花卉植物来说，要找到适合自己的另一半，首先要做的就是吸引那些可以作为传粉媒介的昆虫。鲜艳的颜色和迷人的香气都是它们不错的选择，可以吸引昆虫停留在自己的花朵上，将花

草原老鹳草

高山白头翁

粉粘在它们身上，再传给其他植株的花朵。

但是，只是通过这两点来吸引昆虫是远远不够的。为了保证昆虫会对自己言听计从，花朵和昆虫之间保持着一种可持续的，而且是双赢的合作关系。花朵会因为昆虫能为自己找到另一半而心存感激，双手送上甜美的花蜜，这种物质对于昆虫尤其是幼虫的成长来说尤为重要。金龟子、蝴蝶和苍蝇都是英勇的传粉者，但可惜的是，它们成年以后的大部分时间都用来交配、产卵，最终面对死亡。所以对虫媒植物来说，这些昆虫并不是用来传粉的最佳选择。而蜜蜂则是虫媒花忠实的同盟，因为它们一方面要照顾后代，另一方面要借助花朵来酿造自己的食物——蜂蜜。蜜蜂们会消耗掉一些花蜜和花粉，但同时，它们也会承担起丘比特的职责，为上千种植物的繁衍而奔忙。除了蜜蜂以外，熊蜂也对植物的繁衍起着不可磨灭的作用，因为它们有独特的优势——一根长长的螯针，可以给一些蜜蜂无能为力的植物传粉，比如番茄、甜椒和茄子。

花朵不仅用颜色和气味吸引着传粉者，也会悄悄地指引那些因为是第一次落在花朵上，而害羞得不知所措的昆虫们。草原老鹳草的花瓣上就会有白色的路线，引导昆虫进入花朵的中心，找到花蜜，

法兰西菊

在这个过程中，昆虫的翅膀上会或多或少粘上雄蕊珍贵的花粉；在洋地黄上有大理石一样的图案来指引昆虫找到花蜜；高山白头翁和草莓花的花朵，外面的花瓣是白色，而中间的花蕊是黄色的，这种颜色深浅的变化会突出花蕊，让昆虫毫不犹豫地飞到花朵中间。

七叶树的花朵有不同的颜色，一般有黄色、橙色和粉红色三种。为什么同一种植物的花朵会有三种颜色呢？这其实是七叶树花朵告知蜜蜂和熊蜂，此时此刻它们是否受到欢迎的方式。那些有花蜜而

七叶树花朵

且等待着被传粉的花朵会呈现出黄色，这是昆虫们无法抗拒的颜色，当传粉结束之后，花朵就会慢慢变红，因为蜜蜂和熊蜂是看不见红色的，这样一来，花朵便在它们的眼中消失了。

菊科植物在自然界中有着举足轻重的地位，包括最常见的雏菊、向日葵和蓟类植物。它在全世界共有 1.3 万个物种，其中大多数都是草本植物，也有一些木本植物和藤本植物。当我们观察它们的花朵时，看起来就像是一朵花，实际上是数十朵紧紧挨在一起的小花。它们选择了用聚集在一起的方式，来吸引昆虫的注意。因为如果每一朵小花都独立生长的话，它们对昆虫来说并没有多大的吸引力，可是像这样呈花序状聚在一起，就会形成一面鲜艳的黄色旗帜，让昆虫无法拒绝。所以每当有昆虫经过的时候，它传播的就不只是一朵花的花粉，而是数十朵小花的了。另外，这数十朵小花的花蕊也不会同时成熟，这样它们就更容易接收到不同的昆虫带来的不同花粉了。

有些植物在选择传粉者的时候十分挑剔，欧洲金莲花的花朵就像是一个真正的保险箱，而知道打开保险箱密码的，就只有六种昆虫。这些幸运儿都来自短角花蝇属，只有它们懂得如何钻进欧洲金莲花的萼片，找到花朵的中心。而其他的昆虫不管怎么努力尝试，也只能带着失望无功而返。费劲千辛万苦为欧洲金莲花传粉的短角花蝇，自然也会获得可观的“报酬”。雌性的短角花蝇会在花朵的心皮上下蛋，当幼虫被孵出之后，就会吃花朵的种子长大。这种共生的关系对于欧洲金莲花来说也有一定的风险，短角花蝇越多，能够传粉的机会就越大，但与此同时寄生在花朵上的昆虫也越多。两者之间的合作关系几百万年前就形成了，而且一直延续到了今天，是自然界中相对平衡、协调共生的一个典范。

（左）蜜蜂把头埋进花朵深处，要靠雄蕊支撑自己的身体。这时候雄蕊上的花粉便会自动粘在蜜蜂的背部和翅膀上。

（右）传播完花粉之后，花朵的雄蕊会退化，雌蕊会变长。当蜜蜂停留在花朵上时，雌蕊会从蜜蜂的背上获取花粉。

蜜蜂给鼠尾草传粉示意图

更有趣的是，一些植物的花朵之间还存在着分工。比如麝香兰的花朵，有些长得特别娇媚却并不能结果，甚至可能连花蜜都没有，这些花朵是专门用来吸引昆虫的。它们吸引那些可以传粉的昆虫，期待着它们会顺着花茎爬到那些浅褐色的同伴身上。这些看起来并不是那么有吸引力的花朵，才是繁衍后代的中坚力量，它们身上一般都会有甜美的花蜜。

为了繁殖后代，巨魔芋称得上“不择手段”了，它甚至具备了一套灵巧的系统去骗过昆虫，让它们来满足自己的所有需要。巨型海芋可以快速散发出一种腐肉的味道来吸引苍蝇，一不小心，苍蝇便进入了一个精心设计的密室。巨型海芋用自己巨大的花朵将其捕获，两排厚厚的长毛和光滑的外壁让昆虫无法找到出口，这时候雌蕊还会分泌出一种液体，粘在苍蝇的身上。到第二天早上，就该雄蕊出场了，它会让苍蝇的身上粘满花粉，大功告成之后，花朵上的那些长毛便会缩回去，任凭苍蝇离开。不久之后，“不知悔改”的苍蝇又会光顾另一株巨型海芋，一切都会再次重演。这时候，当被“拘禁”的苍蝇

右页图：眉兰

染料木

舔食雌蕊的柱头时，它之前粘在身上的花粉就会顺利地落在这朵花的雌蕊上，传粉任务也就完成了。

染料木在繁殖的过程中不会伤害任何一只昆虫，它甚至会把自己高贵的黄色花瓣献给这场“爱情游戏”。这种花会吸引体形巨大的野蜜蜂，只有冲撞入口才能找到花蜜。在激烈摩擦的过程中，野蜜蜂的身上便粘满了花粉。

还有一些靠昆虫传粉的植物，其实并不能给昆虫带来什么好处，反而是用类似欺骗的方式引来自己的传粉者。比如眉兰就是一个例子。它设下一个简单的圈套，让雄蜂误以为这将是一场美妙的约会。雄蜂是春天最早从蜂箱中飞出去的，而雌蜂则相对要晚一些。兰科植物就是利用这一点，它们的花朵长得很像雌蜂，使得很多雄蜂都会在此停留。而且红门兰的花朵不仅长得像雌蜂，甚至可以散发出和雌蜂相似的气味。饥渴的雄蜂轻易就上当受骗了，并且试图和兰花的唇瓣进行交配，这样雄蜂就会粘在两个花粉块上，花粉块就是包着花粉的小球，这时花粉会脱落然后粘在雄蜂的身上，雄蜂在交配失败后不得不失意地离开。当它再次上当，停留在另一株眉兰上时，便帮助眉兰实现了传粉。

双受精现象

不管是风媒花还是虫媒花，在传粉的过程中，花粉都要离开花药经历一场旅行，直到找到自己渴望的另一半。所谓的另一半自然就是另一朵花的雌蕊，它也在等待一颗合适的花粉粒落在自己的柱头上。这里所谓的合适，首先是物理上的合适，因为其实花粉和柱头都有各种各样的大小，如果我们把花粉比作钥匙的话，那么柱头便是锁，所以只有它们绝对契合才能配对嵌入，来自另一种植物的花粉会被毫不犹豫地直接排除，即使是同种植物的花粉，也不代表就一定能够被接受。这时候会看它们是否满足化学上的合适，花朵会抗拒在基因上和自己过于相似的花粉，因为从繁衍的角度来说，它追求的是基因的多样性，因此会青睐基因上和自己差别最

威尔士罂粟

高山白头翁

大的同种植物花粉。只有当花粉顺利落在了花柱上，并且通过重重考验被接受之后，花粉粒的内壁才会通过花粉外壁上的萌发孔，向外伸出一个细管状的结构，也就是花粉管。

花粉管进入柱头后，会以最快的速度生长，当它长到一定的长度后，原先在花粉中含有的物质会全部集中到花粉管的前端。一旦花粉管伸入子房，它会沿子房内壁或胎座继续生长，直达胚珠，经珠孔进入珠心，最后到达胚囊。双受精现象指的是当花粉管到达胚珠的珠心时，它的前端会破裂让两个精子游动出来，如果精子顺利通过了最后的“测试”，其中一个便会与卵细胞融合形成受精卵，也就是胚胎的雏形；另一个与中央细胞的两个极核融合形成受精极核，受精极核发育成为胚乳，其作用在于为胚的发育提供营养，保护种子。双受精是被子植物中非常普遍的现象，它们正是通过这样复杂的结合才产出珍贵的种子。

第二章

古代，无法想象的植物性生活

公元前八世纪的亚述人，并不会像今天的我们一样谈论道德和科学理论知识。但当时的园丁们为了增加椰枣的产量，也必须了解枣椰树繁殖的原理，以便人为地促成它们多结果。他们会剪下枣椰树上的雄花，因为上面粘满了繁殖所必需的粉末，我们姑且这样形容，因为当时应该还没有发明“花粉”这个词。然后，他们会爬到雌性的枣椰树上，把雄花上的粉末摇落到雌树的花朵上。当时的人们之所以会这么做，并不是因为他们对植物或者科学有多

左页图：《手握丰裕之角的花神》，庞贝古城阿利亚纳山庄内壁画，意大利

么了解，而只是出于长期的观察和经验，本能地找到了帮助枣椰树繁殖的方法。在战争期间，亚述人为了让他们的敌人没有粮食，就会砍掉那些即将沦陷的城市里所有枣椰树的雄树，让雌树全都无法结果。从某种意义上说，古代的亚述人已经发现并认同了植物是有性别的。

植物的禁忌之爱

尽管亚述人已经从行为上承认了植物的性，但不可否认，这个观点对于当时欧洲的知识分子来说仍然是一个绝对的禁忌。直到十七世纪，科学家发现了确凿的证据来证明植物的性，甚至更晚一些，直到十八世纪，人们才开始公然探讨植物的性，植物有性的观点才正式被科学界所接受。那为什么这个今天看来理所当然的现象，会在如此长的时间里一直被回避否认呢？

在植物的性的问题上，人们通常会引用著名古希腊哲学家亚里士多德（Aristotle，公元前384年—公元前322年）和他的弟子泰奥弗拉斯托斯（公元前 372 年—公元前 286 年）的观点。他们是最早开始注意到植物的性的学者，但却将错误的观念一代一代地传给了后世的学者，因为在科学界鲜少有人敢质疑权威。亚里士多德全面地否定了植物的性，并且认为花朵并不是植物的性器官。那么他为什么会得出这样的结论呢？其实，他的想法也来源于他的前人，也就是那些前苏格拉底的哲学家。这些哲学家用理论阐释了宇宙的诞生，也将无性、纯洁的属性强加给了植物。

另一位古希腊哲学家恩培多克勒（Empedocles，约公元前 495 年—公元前 435 年）对植物的起源也有着浓厚的兴趣，他对植物的认知也贯穿了他所建立的整个世界观。恩培多克勒认为世间所有的物质都是由水、火、土和气这四种元素组成的，这些元素的组合和演化，是由爱和冲突两种原因导致的。“爱”使不同元素聚合，而“冲突”会使元素分裂。对恩培多克勒来说，是爱和冲突导致了性别之间的差异，但植物在爱和冲突产生之前就已经出现了，因而不会受到性别之分的影响，所以在植物身上，我们可以看到相互混淆的两种性别。

这样说来，虽然古代的人们并不承认植物的性，

恩培多克勒

亚里士多德

但也没有将性和植物这两个概念完全剥离开来，有些哲学家甚至认为植物是双性的，于是，他们不再将植物的性看作一个值得讨论的话题。但如果说植物是双性的，也就是它们既是雄性也是雌性，那么为什么有的植物比如枣椰树，还需要找到同伴才能繁衍后代呢？亚里士多德是这样解释的："在植物中，两种力量是集聚在一起的，雄性与雌性并没有分开，并且植物自身就可以繁衍出后代，它们在繁殖的过程中并不产生液体，而是以种子的方式实现繁殖。"要注意的是，虽然亚里士多德这里所说的和植物界雌雄同体的现象有些相近，但却是截然不同的两个概念，因为他彻底忽略了植物繁殖过程中性的作用。还有一些前苏格拉底的哲学家选择用自然发生说来解释植物的繁殖，后来亚里士多德也沿用了这种理论。阿那克萨哥拉（Anaxagore，约公元前500年—公元前428年）认为："种子飘散在空中，雨水会给它们滋养并将它们载送到大地上，然后植物便会从温暖的泥土中长出来。"第欧根尼（Diogenēs，公元前412年—公元前323年）则说："当雨水分解并和土地中的某种物质混合在一起的时候，一棵新的植株就诞生了。"依照这些说法，植物的繁殖与性毫无关联，亚里士多德也或多或少受到了这些观念的影响，他写道："一棵植物的诞生要么是源于另一棵植株所提供的物质，要么只是偶然地，在某个固定的季节，由某个能够代替种子作用的因素所促成。"自然发生说以一种简单的方式误导了大家对这个问题的判断，回避了真正的问题，但在当时，它却貌似已经填补了人们对于自然现象探究的一大空白。古代的人们对于种子的作用有着非常准确的观察和认识，但至于种子到底是如何诞生的，他们对此却毫无头绪。一方面，在当时的客观条件下，连显微镜这种了解植物构造最必不可少的工具都没有，确实很难对植物的繁殖过程进行细致的观察。但另一方面，除了客观条件的限制，我们也要问一问，观察工具的缺乏真的是学者们一直回避、否认植物也有性的唯一理由吗？

以枣椰树为例

想要回答这个问题，我们可以从枣椰树这个具体的例子着手。泰奥弗拉斯托斯以及三个世纪后的老普林尼（Gaius Plinius Secundus，公元23年—公元79年），都分别在他们的著作《植物史》（*Historia plantarum*）和《自然史》（*Histoire naturelle*）中写到了当时的人们是如何人工帮助枣椰树传粉的。

泰奥弗拉斯托斯说道："对枣椰树来说，繁殖就是一场由雄性竞相为雌性牺牲的比赛。种子完全成熟之前，雄树扮演着重要的角色。具体的繁殖过程是这样的，当雄树开花的时候，人们把能够长出花序的佛焰苞从树上摘下，然后通过摇晃让它的花朵、绒毛和上面的粉末掉落在雌树的花朵上。这一行为让雌树十分受用，赶紧将它们都'收入囊中'……

显然，雄树给雌树帮了一个大忙，最终孕育出果实的当然还是雌树。”泰奥弗拉斯托斯的观察如此细致又客观，他在植物研究方面的才华不容置疑。但最让人惊讶的是，他已经有了这样的研究基础，怎么没有得出那个最显而易见的答案呢？尽管他已经离正确答案如此接近，这位哲学家却选择了在此止步。他不允许自己把这个“可疑”的粉末当作是植物受精所必需的物质，承认没有它整个繁殖就无法顺利进行，因为如果泰奥弗拉斯托斯得出了这个结论的话，就会动摇“植物是无性的”这一观点，而这正是他的老师亚里士多德和前人们所一直坚持的，泰奥弗拉斯托斯或许并不想挑战权威。

从这些哲学家对枣椰树繁殖过程的描述中，我们可以看出老普林尼似乎更倾向于将性的概念赋予植物。“我们都知道在一片长着枣椰树的森林里，只有雌树而没有雄树的话，它们是无法繁殖的。如果有很多雌树围绕着一棵雄树的话，雌树们朝着雄树那一面的枝叶会微微前倾，看起来就像是想要和雄树亲近，而中间的那棵雄树则会竖起叶子，用它的呼吸、它的眼神甚至它的粉末来让周围的雌树繁殖后代，如果这棵雄树被砍掉了的话，周围的雌树

亚述浮雕，描绘一名天使正在帮助枣椰树传粉

也就不能再繁殖了，它们之间的爱情昭然若揭，连人类都知道如果想要帮助植物繁殖的话，只需要将雄树的绒毛、花朵抖落在雌树上就可以，有的人甚至认为只需要雄树花朵上面的粉末。”老普林尼对

枣椰树的表述是如此生动又准确，但他并没有试图撼动当时关于植物繁殖最本质的观点——植物是无性的。在当时，没有一个人想过是否还有其他的树或者其他植物的繁殖方式和枣椰树是一样的。人们把枣椰树的情况当作是自然界中的一个特例，认为它不具有代表性，所以不能作为推翻哲学家们既有观点的理论依据。

从植物的性别到分类

古代的人们由于缺乏对植物的性的认知，而对其妄加判断。但这种错误观点并不只存在于遥远的古代，而是贯穿整个人类发展的历史。人们否认植物的性的原因是多方面、深层次的，这其中既有关于世界和自然起源的宗教哲学观念，还有阻碍相关研究的社会文化偏见。学者们，或者更广泛地说，人类，将其对于性和性别的理解以主观的方式强加在自然界的植物身上，没有对它们进行真正客观的观察和分析。如此下来，两种性别便被人为地贴上了两种截然相反的标签：恩培多克勒把女性和寒冷、潮湿联系在一起，而男性则代表暖热、干燥；阿那克萨哥拉指出在母亲的子宫中，男胎儿会在右侧，而女胎儿在左侧，要知道左往往与负面的词汇相关联，比如坏的、贬义的、有害的，而与右相关的则都是正面的词汇，有益的、积极的、有好感的。读完这些我们不难发现，古代的哲学家们一方面声称植物是无性的，它们既不是雄性也不是雌性，只是同时具备两种性别的特征；另一方面却又尤其热衷于将植物，尤其是树木，按照自己的喜好规定为雄性或者雌性。这个显而易见的矛盾解释起来也并不复杂，虽然亚里士多德、泰奥弗拉斯托斯和他们众多的追随者从生物的角度否认了植物有性别之分，但是他们并不排斥按照植物的特征给它们进行分类。这种人为的分类和植物本身的性并不相同，甚至可以说两者之间的区别是巨大的。人为分类的基础并不是生物学上所说的性别，而是主观判断某种植物更加具备男性还是女性的特征。自然界中许多植物都是雌雄异株的，所以它们的植株一部分是雄性的，而另一部分是雌性的。亚里士多德和泰奥弗拉斯托斯也会做类似的区分，但由于他们并不是判断植物在生物学上的性别，而是人为地赋予了植物性别，

油橄榄一个品种，油橄榄，威廉·米勒，1818 年

欧洲山茱萸的雄花

椴树花

所以出现了很多认知上的错误。当时通常认为能够长出果实的植物就是雌性的，比如枣椰树就是这样的情况，但这并不是唯一的判断标准。拿油橄榄来举例，人们认为野生油橄榄是雄性的，而人工种植的油橄榄是雌性的。因为野生油橄榄比较高大、木质坚硬，果实既涩口又难以消化，产量也较少；而人工种植的油橄榄个头小、产量大、木质也比较柔软，其果实又大又好，还有营养。于是人们认为人工种植的油橄榄具有女性的特征，而野生油橄榄则更类似于男性。那时候的人们就是这样根据当时的文化中对于男性和女性特征的理解，来强行对植物加以区分。但其实油橄榄是雌雄同株的，每一棵油橄榄上都有雄花和雌花。

这种分类方式在后来也被一些研究植物学和农学的古罗马人沿用，比如老加图（Marcus Porcius Cato）、科鲁迈拉（Columella）、老普林尼和马库斯·特伦提乌斯·瓦罗（Marcus Terentius Varro）。他们主要都是通过植物的外在形态来对植物的性别进行判断，比如木质的软硬程度等等。老普林尼曾把椴树作为例子来描述植物的性别，事实上他所说的也并不是真正的性别，只是将其分成了两种类型而已。“雄性和雌性的椴树从各方面来看都完全不一样。雄树的特点是木质坚硬，树疙瘩多，颜色要更加偏红棕，气味也芳香，它的树皮较厚实，砍下来之后很难折叠，没有果实也不会开花；而雌性的椴树要更粗，树干轻软质白，是极好的木材。”由此看来，只要是坚硬倔强的就是雄树，而与此相反，那些木质柔软的，适合被当作木材的都是雌树。这些古罗马的学者深受当时社会对于男性和女性、雄性和雌性偏见的影响，这也导致了他们带着这种固有的思维模式去观察自然界，去对自然现象进行描述。这种对植物性别的错误理解方式影响如此之深远，以至于我们从一些植物的命名中就可以窥见一二。比如欧洲山茱萸（Cornus mas）的英文直译过来就是雄性山茱萸，而欧洲山茱萸是雌雄同花的，所以并不存在雄树和雌树之分，它在英文中的名字极有可能就是从古代流传下来的，因为欧洲山茱萸一直以来都因为其木质的坚韧而闻名，人们曾经专门用它来制造投掷类的武器，比如标枪、梭镖、弓箭等。如果我们大胆猜想，著名的特洛伊木马或许就是用它建造的，罗慕路斯向帕拉蒂尼山投去的标枪可能用的也就是这种木材。还有另一个例子，英文中的“雄性蕨”（Dryopteris filix-mas）和“雌性蕨”（Athyrium filix-femina），其实是两个完全不同的物种，分别是欧洲鳞毛蕨和喜马拉雅蹄盖蕨，当时的人们之所以认为它们是同一种植物的雄性和雌性，是因为两种植物的外形相似，而且欧洲鳞毛蕨长得粗壮，而喜马拉雅蹄盖蕨相对纤细。

关于植物的神话

除此以外，我们还有另一种方式来解读为什么植物的性在古代一直被否认，那就是神话故事，因为在当时，神话故事的作用之一就是解释自然界中的各种现象。古希腊和古罗马神话都与宗教有着紧密的联系，因为在当时，不管是研究植物的哲学家还是创作神话故事的诗人都深受宗教观念的影响，稍有质疑，就有可能遭到十分严厉的惩罚。公元前399年，苏格拉底就因被认为动摇了宗教的某些信条，而被雅典的一个人民法庭判处死刑，给出的两条罪行一是他不信神，二是他用思想腐蚀了年轻人。

罗马诗人奥维德（Publius Ovidius Naso，公元前43年—公元17或18年）的《变形记》（*Les métamorphoses*）大约创作于公元前1世纪末，是最早以文字记录古希腊罗马神话的作品之一。当时罗马帝国的统治者屋大维希望建立一个严格的社会道德规范，其中最重要的内容之一就是要承认宗教的地位，他认为奥维德的另一部作品《爱的艺术》（*L'art d'aimer*）污秽下流，其中甚至对通奸是否有罪进行了探讨，与当时的政治方向完全相悖，因而将其流放。

《变形记》中的一部分内容正是奥维德在流放时写下的，虽然这次他笔下的故事十分契合当时的宗教和道义，但诗人并没有因此而获得重回罗马的特赦。在这部精彩的神话作品中，植物被多次当作女性贞洁的避难所，达芙妮和阿波罗之间的故事就是其中非常有代表性的一个例子：

有一次太阳神阿波罗看见爱神丘比特正在拉弓射箭，他在一旁嘲讽丘比特。高傲的爱神当然不能容忍这样的侮辱，便下定决心要报复阿波罗。他于是射了两支箭，第一支是能萌生爱情的箭，第二支则是厌恶爱情的箭。他把第一箭射向了阿波罗，第二箭射向了以美貌闻名的达芙妮——河神贝内的女儿。达芙妮于是对婚姻产生了极其的厌恶，她希望自己可以像狄阿娜一样可以永远保持贞洁，狄阿娜遵从了父亲朱庇特的意愿成为了著名的处女神。达芙妮在丛林中奔跑、狩猎，享受着自由自在的生活，而她的父亲贝内却希望她能够结婚生子。一天，阿

左页图：《阿波罗和达芙妮》（*Apollon et Daphné*），安东尼奥·德尔·波拉约洛，1470—1480 年

波罗见到了美丽的达芙妮，对她一见倾心，他希望可以占有达芙妮，于是立刻对她展开了猛烈的追求。被吓坏的达芙妮并不愿意接受阿波罗，她在森林里尽全力奔跑想要逃开，阿波罗误以为说出自己显赫的身世就一定可以迷住达芙妮，于是便拦下了她，告诉她自己是天神朱庇特的儿子，但达芙妮并不理会，反而以更快的速度跑开了。尽管她拼尽了全力，阿波罗仍紧追不舍，达芙妮甚至可以感觉到身后阿波罗急促的呼吸声，于是她在绝望中做了最后一次挣扎：向自己的父亲求救，请求他毁掉自己的美貌，让阿波罗对自己失去兴趣。贝内无奈之下只得答应爱女的请求，只见达芙妮曾在林间飞奔的双脚瞬间变成了根，紧紧地贴在土地上，她细腻的皮肤变成了粗糙的树皮，她的头发变成了茂密的树叶，她的纤纤玉指变成了细枝，这位美丽的少女竟然摇身变成了一棵月桂树，以此来捍卫自己的贞洁。尽管如此，阿波罗还是试图拥抱树枝，想要拥她入怀，变成月桂树的达芙妮似乎还是有意躲避，就像是在拒绝他。可阿波罗对达芙妮的爱并没有因此而消退，他说即使达芙妮不能成为他的妻子，他也会永远爱她，达芙妮即使变成树也要成为他的树。于是，月桂成为了阿波罗的标志之一，月桂编织成的花环象征荣耀与胜利，被人们献给凯旋的国王。

在达芙妮和阿波罗的故事里，植物的世界就代表着对贞洁绝对的保护，即便是有超强神力的阿波罗对此也无能为力。神话故事中，关于众神为了和人类结合而化身成动物的例子有不少，但变成植物的情况却是一个也没有。究其原因，并不只是因为在当时谈论植物的性是一种绝对禁忌，更是人们理所当然地认为植物和性毫无关联，两者之间完全没有任何的交集。和上面的这个故事类似，奥维德还写了一个关于潘神的笛子的故事：

牧神潘恩爱上了山林女神绪任克斯，可绪任克斯和达芙妮一样，想要效仿狄阿娜成为处女神，她因此而拒绝了所有的求爱。潘恩想要诱惑绪任克斯，但她却不顾一切只想逃跑，一直跑到了森林的尽头——拉顿河边。此时的绪任克斯已经无路可退，她只好呼唤姐妹们来把自己变成了芦苇。可失落的潘恩还是想要拥有她，于是将一大把芦苇揽到胸前。当他正在独自悲伤的时候，他听到风穿过芦苇丛发

潘恩和绪任克斯，彼得·保罗·鲁本斯，1616—1618 年

出了恬静悦耳的声音。潘恩希望能够把绪任克斯留在自己身边，于是折下了不同长度的芦苇，把它们用蜡粘在一起制成笛子，这便是潘神的笛子的由来。

在这个故事中，绪任克斯同样是通过变成植物来保有自己的处女之身。类似的还有美少年纳喀索斯的故事，虽然心理学上常用它来解释自恋，但这个故事同样能帮助我们了解当时的人们对植物和性的看法。

河神西非塞斯和水泽女神莱里奥普生下一个儿子，名叫纳喀索斯。他长大后成为了一个俊美的少年，不论男女都为其美貌而倾倒，但他却从未对任何人动情。他常常在森林里打猎，一天，一位名叫厄科的神女看见了他，便立刻被迷得神魂颠倒。厄科因为爱插嘴的毛病而受到了天后朱诺的诅咒，无法正常地与人交谈，只能重复对方所说的话的最后几个字。厄科在森林中跟着纳喀索斯，有一次，纳喀索斯和他的伙伴们走散了，于是高声喊道："有谁在我的旁边吗？""我的旁边。"厄科应声道。纳喀索斯被吓了一跳，大叫："过来！"厄科又重复了一遍一模一样的话。纳喀索斯便回头张望，却不见有人影，又问道："你为什么躲避我？！"厄科又应道："躲避我。""我们见面吧！"纳喀索斯心想一定要见到这个说话的人。"见面吧。"这时候厄科喜出望外地从树林中跑出来，伸手想去抱住纳

下页图：《厄科与那喀索斯》（*Écho et Narcisse*），约翰·威廉姆·沃特豪斯，1903 年

喀索斯，纳喀索斯被这突如其来的爱意吓了一大跳，赶紧从她的面前跑开，说自己宁愿去死也不愿意接受她的爱。厄科十分受伤，从此躲进了山林的深处，不再与人来往，慢慢地，她的身体和岩石融为了一体，世间只留下了她的声音。后来，人们用她的名字“厄科”（Echo）来表示回声。在这期间，纳喀索斯的冷酷无情也伤害了许多其他的神女，于是，其中一位神女诅咒他：“有一天当这个粗俗之人爱上别人的时候，他将永远不可能得到对方的爱！”命运女神涅墨西斯听到了这个请求，便同意了。一次纳喀索斯在一片泉水旁休息的时候，他在清澈的水中看到了自己的倒影，立刻爱上了水中的自己。他便陷入了深深的痛苦，因为他爱的是水中自己的倒影，所以注定不能拥有自己的爱人。这种求而不得的痛苦渐渐销蚀了他的美貌和身体，最终枯竭而死。在他死去的地方，人们找到了一株白色的水仙花，于是把纳喀索斯的名字（Narcissus）送给了这种花。

以上三个故事中，主人公都不屑于肉体和物质上的诱惑，通过化身为植物的方式，与性完全划清了界限。我们可以将化身为植物理解成一种隐喻，因为植物在当时被认为是自然界中最纯洁的存在。通过纳喀索斯的故事，我们甚至可以发现人们对于植物和性的更多看法。和植物的雌雄同株不同，纳喀索斯并不是雌雄同体的，但是他在故事中爱上的是自己，我们可以将其理解为是一种未分化的性别角色，也可以把这看作是和植物的一个类比。在纳喀索斯的爱情中，他既是爱的主体，也是爱的客体，两者是没有分开的，所以导致亲密关系中的互动无法实现。这或许是古代的人们对于植物繁殖方式的一种影射，但这个故事的主题不是如何保持贞洁，而是以阻止性行为的发生为目的的。下面让我们再来看看奥维德笔下一个关于藏红花的神话故事：

克尔克斯是一个英俊的少年，他爱上了神女斯麦莱克斯。斯麦莱克斯起初对克尔克斯的追求并不反感，但他们之间的爱情只是昙花一现，斯麦莱克斯很快就厌倦了。为了摆脱克尔克斯的纠缠，斯麦莱克斯把他变成了藏红花，花朵中间三根雌蕊的顶端有红色的柱头，这部分可以入药或者作为珍贵的香料，而它鲜艳的颜色也象征着年轻的克尔克斯对斯麦莱克斯热烈真诚的爱情。

在这里，两位主角之间的爱情化作了可以食用的花朵。当他们的爱情已经不再甜蜜的时候，斯麦莱克斯其实是通过将克尔克斯变成植物的做法，来阻止他对自己的追求。不过有意思的是，用来象征克尔克斯的红色柱头，其实是花朵的雌性生殖器官。

古希腊罗马神话中也表达了一种对于花朵的信仰，人们认为得益于花神的庇护，植物都可以在无性的情况下进行繁殖。罗马神话中的花神是芙洛拉，而在希腊神话中对应的则是克洛丽丝。在《岁时记》（*Les Fastes*）的第五卷中，奥维德用对话的方式让花神直接以第一人称介绍她的故事，以便读者可以更好地理解，于是，芙洛拉讲述了战神玛尔斯是如何出生的。

智慧女神密涅瓦的出生引起了天后朱诺的不悦，因为密涅瓦其实是天神朱庇特和聪慧女神墨提斯的孩子。当墨提斯怀孕的时候，朱庇特要求她变成一滴水，然后把她吞进了肚子里。一段时间后，朱庇特头痛不已，不得不找来火神伏耳甘帮忙，伏耳甘劈开他的头颅，密涅瓦就这样出生了。她既是和平之神，也是战争之神，同时也是一位处女神。朱诺为朱庇特私自诞下了一个女婴而愤懑不满，便向芙洛拉诉苦，希望可以不和任何人结合就能够怀上孩子，于是芙洛拉轻轻碰了一下朱诺和一株神奇的花草，天后立刻就怀孕了。

这个故事很具有代表性，说明人们认为花神芙洛拉象征的自然界中的花朵，拥有一种不需要任何性的介入就可以孕育后代的能力。朱诺在芙洛拉帮助下得到的孩子就是战神玛尔斯，人们也用他的名字来命名春天的第一个月——三月，这正是万物生长的时节。

捉摸不定的女神

然而，与狄阿娜和密涅瓦不同，芙洛拉并不是处女神。尽管当时人们普遍认为植物是无性的，但芙洛拉的角色就像是植物界的爱神，维纳斯司管人类和动物的爱，而芙洛拉则掌握着植物的爱。

芙洛拉是被萨宾国王提图斯·塔提乌斯请入万神殿的，传说在大约公元前八世纪的时候，提图斯·塔

《春》（*Printemps*），桑德罗·波提切利，1482 年，画面中间的是爱神维纳斯，在她右边头戴花环的是怀孕的花神芙洛拉

提乌斯和罗穆路斯共同治理着罗马。提图斯·塔提乌斯为芙洛拉建了两座神庙，一座是由奎利那雷山的祭台改建的，而另一座在马克西穆斯竞技场附近，就在谷物女神色列斯、丰收女神刻瑞斯、酒神利柏尔和果实女神利柏拉的神庙旁边，这些都是和丰收有关的农业神。芙洛拉代表着所有的花朵，她既象征着农业的丰收，也是青春美丽的代表。在马克西穆斯竞技场附近的神庙，大约于公元前 238 年建成，当时在民间便设立了一个节日，以感谢芙洛拉慷慨

的馈赠，也就是著名的“花神节”，节日期间有丰富的娱乐活动。花神节从4月28日（神庙建成的日子）持续至5月3日，最初，花神节并不是每年都举行，到公元前173年的时候，它才成为每年都会有的固定节日。

在奥维德的《岁时记》中，芙洛拉介绍了自己和人们献给她的花神节。她说自己本是在希腊乡间的神女克罗丽丝，后来被西风之神泽非罗斯带走。他们结婚以后，西风之神给了她掌管花朵和青春的权利，从此，她成为花神芙洛拉。奥维德又问她花神节的由来，芙洛拉说自己曾经感到被人类忽视，没有获得足够的尊敬和崇拜，所以不愿再尽心履行自己的职责，结果花园和田间的植物很快就都枯死了。为了让万物重新焕发生机，人们便用花神节来取悦芙洛拉，希望她回心转意，就这样故事有了圆满的结局。

每年的花神节会从戏剧和舞蹈表演开始，然后以在城外花神竞技场中的狩猎为结束。花神节是一个色彩缤纷的节日，人们会穿上颜色艳丽的衣服，戴上花环，桌上会撒满玫瑰花瓣。花神节也是一个放纵的节日，人们可以肆意饮酒直到深夜。最初的

几个舞蹈相对简单一些，以庆祝春天的到来和青春的美好，后面的表演就会开放甚至裸露许多，在这五天的时间里，连妓女都可以随意起舞，为大家表演。

在这里我们似乎发现了一个悖论：神话故事中将植物作为与性相对的贞洁的代名词，花神拥有不需要性就可以生育后代的能力，而花神节却是一个放纵的节日。故事中芙洛拉不仅和泽非罗斯结婚了，还生下了一个儿子卡尔波斯。在流传于民间的神话传说中，人们赋予了风神掌管生育的能力，这里的生育都是和性有关的，比如春天母马的受孕就和西风之神有关。我们不难推测，由于花神节是一个民间的节日，所以不管宗教信仰如何，不管哲学家们和神话故事如何想要赋予植物贞洁的属性，对于当时的民众来说，花朵始终是和繁茂、性欲这些词联系在一起的。奥维德在《岁时记》中也说道，花神节不仅是为了庆祝植物在春天的新生，从广义的角度来讲，这也是人们感悟生活幸福和美好的方式，而性在人类的生活中也扮演着重要的角色。不难看出，花朵的意向已经开始在单纯、天真和繁盛、情

左页图：《花神芙洛拉》（*Flore*），约翰·斯宾塞.斯坦霍普，1889 年

欲之间摇摆，它一会儿是贞洁的象征，一会儿又成为人们表达欲望的载体，而且这种模棱两可的状态，将一直在历史的长河中延续下去。

双面玫瑰

玫瑰是所有花朵中最具有代表性的，一直以来人们对它有众多的解读。换句话说，玫瑰在人们心中有着两副面孔，它既热情奔放，又天真烂漫，所以这一节的标题叫作双面玫瑰。一方面，玫瑰和性之间存在着很强的联系，因为它正是维纳斯从海中诞生之时出现的，所以玫瑰成为维纳斯的标志之一。维纳斯是罗马神话里的爱神、美神，同时又是执掌生育的女神。传说她有一个奇妙的花园，里面都是要给她心上人的花朵。爱神丘比特是维纳斯的儿子，他也曾去花园中采下一束玫瑰来打扮自己。奥维德写道，每年春天最早长出的玫瑰都是要献给维纳斯的。在五月举行的维纳斯节，人们也会用玫瑰和灯芯草做成花环，来表达对维纳斯的敬爱。

在古希腊的文化中，花朵扮演着十分重要的角

《埃拉加巴卢斯的玫瑰》（*Les roses d'Héliogabale*）
劳伦斯·阿尔玛—塔德玛，1888 年
注释：埃拉加巴卢斯曾是罗马的君主，传说他喜欢在宴会的时候，往客人身上撒许多玫瑰花瓣，就像下起了一场花瓣雨

色。人们常常会给卖花姑娘贴上色情的标签，这些女孩子大多年轻貌美，她们的形象常常和性欲联系起来；对阿佛洛狄忒（古希腊神话中的爱与美之神）的崇拜让人们对鲜花特别钟爱，婚礼的时候，新人们要走过铺满玫瑰、紫罗兰花瓣的步道，甚至整座城市都可以被花朵装饰起来。在古罗马，当人们庆

祝海曼节的时候，玫瑰也会承担一个重要的角色。海曼是婚姻之神，也是维纳斯和巴克斯的儿子，海曼的标志之一就是玫瑰花环。在婚礼的时候，新人和来宾们都要头戴花环，祝福新人婚姻幸福美满。

巴克斯和玫瑰也有一定的联系，他既是酒神，也是狂欢、纵欲之神。传说巴克斯会头戴玫瑰，并且也拥有一个种着许多玫瑰的花园。那些庆祝酒神的节日也曾经被叫作玫瑰节，庆祝节日时人们会戴上各种各样的花环和花饰。

玫瑰是帝王尊贵的象征，在宴会上它也代表着快乐和喜悦，宾客们头戴主要由玫瑰编织成的花环。不过除了玫瑰以外，还有许多其他的花卉也都代表着欢乐。泰奥弗拉斯托斯和阿特纳奥斯列出了以下几种：百合、紫罗兰、风信子、银莲花、阿福花、黄水仙、野芹菜、墨角兰、百里香、薄荷等等。从很早开始，人们在节日和重大的场合就会用花朵来装扮自己，比如公元前 400 年的古希腊和公元前 200 年的古罗马。即使是奴隶，在节日的时候也要戴上花环。人们也会用花朵来装饰餐盘、杯子、餐桌和墙面，花瓣撒得到处都是，从天上到地上。玫瑰的花环和花饰常常与饮酒、奢侈和纵欲联系在一

《维纳斯的诞生》（*La naissance de Vénus*）
桑德罗·波提切利，约 1484—1486 年
注释：这幅画同时也讲述了玫瑰的出现。在画面右侧，花神芙洛拉正急忙过来想要给维纳斯披上锦衣

起，但与此同时，它又被认为是神圣而高贵的，经常是在葬礼或者是重要的仪式上使用。古希腊的农学家科鲁迈拉认为，所有的神都与玫瑰或多或少有些关联。在古希腊，人们将百合放在宙斯的妻子——赫拉的雕像脚下。

玫瑰还有另一面，代表着单纯与贞洁。古罗马诗人卡图卢斯（Catullus）在一首名为《年轻姑娘》（*Les jeunes filles*）的诗中，就将这种情感完美地表达了出来。人们认为花朵是脆弱和纯真的代名词，它一旦被摘下马上就会枯萎：

看这孤独的园子里长出了花儿，它躲开了那些粗鲁的家畜，还有无情的锄头，被微风拂过，被阳光温暖，被雨露浇灌；牧羊人都感叹于它的美丽。可一旦它被摘下，便会枯萎、腐败，人们不会再用之前那样爱怜的眼神看着它。犹如一个腼腆的处女，在她纯洁之时，会获得所有男人的敬意；然而一旦她向婚姻屈服，便永远失去了追求爱的权利。

作者给这朵花赋予了美丽的外表和纯洁无邪的性格，也勾起了人类的欲望和火热的爱情。另一首关于玫瑰的诗——《维纳斯的夜晚》（*La Veillée de Vénus*）写于罗马王政时代，作者不详，以下是这首诗的节选：

岁岁年年她装点花朵的新芽。

当玫瑰的花苞在西风之神的吹拂下长大，

她又为其注入热情令花瓣张开。

夜晚微风下凝成了晶莹的露水，她便将这甘甜散播开来，

一颗颗露珠在柔和地闪烁，好似眼角颤抖的泪水。

就在它正要滑落之时，又突然和另一颗紧紧相拥在了一起。

粉嫩的花苞，就像少女羞红的脸颊：

午夜的露水是满天星光慷慨的馈赠，

以便拂晓之时花苞能够穿上一层温柔的外衣。

女神都为这含苞待放的玫瑰现身。

它生于库普里斯的血与爱神的吻，

生于粉嫩的新芽与和煦的阳光，

明天，它脸上那层火红的面纱将会被揭开来，

只为迎接一场相遇。

明天将会有爱情，不管是从没爱过的，还是爱过的，

都会在明天拥有爱情。

5
2

第三章

中世纪的标志性植物，从神圣到活泼

在古代，植物学家的任务是观察、探究植物，提出关于植物生长、发育和传播的科学理论，并对不同的植物进行分类。了解植物的药用价值当然也属于植物学家们的工作范畴，只是相对而言没有那么重要。然而到了中世纪，植物本身不再是人们关注的焦点，相关的研究逐渐被忽视淡忘，甚至彻底抛诸脑后，人们反而对植物的药用价值越来越感兴趣，围绕它开展了大量的工作。古代植物学家们对自然现象先提出疑问再寻求答案的传统，以及泰奥

左页图：伞房蔷薇

弗拉斯托斯的作品一同被中世纪的人们所遗忘。罗马帝国的衰落以及蛮族的到来，是导致这一现象的主要原因。医学不再被当作一种单纯的职业或者学科，而是被人为附加了一些魔幻色彩。僧侣们有了照顾病人的职责，植物学家也在不知不觉中成为了一个辅助医学的职业，这也符合古罗马时期医学家盖伦（Claudius Galenus，129 年—199 年）一直在积极传播的希波克拉底(Hippocrate,公元前 460 年—公元前 370 年）的理论。欧洲宗教的蒙昧主义使得人们在之后的一千年里,并不追求所谓的科学精神。老普林尼、戴奥科里斯（Dioscorides，40 年—90 年）等一些古代植物学家和药理学家的研究成为中世纪植物学家的灵感源泉,他们一遍又一遍地抄袭、模仿、改写这些经典作品。回顾这段历史，我们不仅看不到植物学研究的进步，反而对于古代著作的理解徒增了一些困惑和谬误。中世纪的欧洲，对植物的研究不再来源于对自然界的观察和分析，而是进入了一个对既有文本进行反复解读的怪圈。直到 1483 年，泰奥弗拉斯托斯的作品才重新被人们所发现，并被翻译成了拉丁语。

虽说关于植物的科学研究在中世纪陷入了停滞，

但植物的历史却并没有因此而中断，尤其是关于植物的性的探讨，反而因为宗教的介入获得了更多关注。人们依旧认为植物是无性的，而且已经不会再有人从科学的角度提出这个问题，换句话说，“植物是无性的、纯洁的”这一概念被不断强化，天主教也广泛地把植物当作纯洁和忠贞的代名词。通过宗教的不断宣传，这种印象深深地印在了人们的脑海中，以至于直到几个世纪之后，科学家们才再次对植物的性展开了深刻的讨论，这场讨论毫无悬念地激起了天主教会以及一众学者的强烈反对。尽管植物一直被视作贞洁的象征，但我们不难发现，自然界中的植物始终和人们的主观想象存在着出入，并且早在古代人们就已经认识到了两者之间的矛盾。宗教强行赋予了植物一层纯洁高贵的外衣，但这个假象也终将被科学和事实戳穿。

马利亚与百合

在中世纪的欧洲，人们总是把植物和神圣的宗教联系在一起。人们认为植物是纯洁的，所以吃素被认为是一种节制欲望的方式，受到广泛的推崇，与此相反，食肉则总是被贴上不洁的标签。不管是基督教徒还是穆斯林，很多宗教中都崇尚素食，并且认为植物和动物之间的关系是对立的，植物是纯洁的，而动物是不洁的。但在基督教形成之初，花朵曾受到了部分基督教徒的抵制，他们认为花是异教徒的象征，所以不仅神甫不能佩戴花环，也禁止用花环来装饰众神的雕像或者是祭祀的动物。除此之外，花朵也被认为更具有阴柔的女性气质，常常被用于表达对于女性神灵的崇拜，因此在早期并不受基督教的推崇。比如百合是朱诺的象征，朱诺不仅是宙斯的妻子，也是罗马神话中的天后，是女性和生育之神。传说朱诺洒落了一滴她的乳汁，落在地上便化成了百合花。维纳斯对朱诺心存芥蒂，又嫉妒百合花的洁白无瑕，于是给它加上了雄蕊和凸起的雌蕊，因为花蕊裸露在外被认为是粗俗不雅的特征。和百合的情况类似，玫瑰也因其与维纳斯之间的联系而遭到基督教的冷眼相待。教会在早期对玫瑰做成的花环十分排斥，因为年轻的爱人们会用它来确认两人之间的爱情，所以玫瑰花环被当作情欲的标志。然而随着时间的推移，百合和玫瑰在基

《报喜》（*Annonciation*），桑德罗·波提切利，约 1485 年

督教徒的心中竟逐渐获得了十分崇高的地位，它们从异教徒和淫乱的代名词变成了圣母马利亚的化身，成为了纯洁、无邪、童贞的象征。在这里我们又一次看到，人们对于植物的理解是如何从一个极端走向了另一个极端。

从六世纪起，百合和玫瑰被用来装饰教堂。法兰克王国的查理大帝（Charlemagne，742 年—814 年）是十分虔诚的基督教徒，他甚至列出了所有皇家花园可以栽种的植物清单，其中就有百合、玫瑰和鸢尾这三种与圣母马利亚有关的花卉。在此之前，修道院栽种的一直都是一些药用植物，后来为了表达对圣母马利亚的尊敬，也开始种百合、玫瑰和鸢尾花。十一世纪之后，寓意圣母马利亚的百合变得无处不在，在那些描述天使报喜的绘画作品里，我们常常可以看到百合花的身影。天使报喜又名圣母领报，说的是天使加布里埃尔向圣母马利亚告知她将受圣灵感孕，将生下神子耶稣的故事。许多油画和彩绘玻璃描绘的都是天使手持着一株百合花，向圣母马利亚递去，或者是将其放在一个花瓶或者罐子里。而在另一些圣母像中，百合就好像是圣母马利亚的权杖。圣母无染原罪的概念最早出现在十九世纪，但早在此之前，人们就认为马利亚不是以“原罪”的方式受孕的，所以天使加百列手上的百合既代表

《报喜》（*Annonciation*）
特洛法教堂，葡萄牙

着圣母马利亚的怀孕，也代表着她的童贞。百合花的图案在世界上的许多文化中都有出现：古希腊、古罗马和高卢的钱币，美索不达米亚的滚筒印章，迈锡尼的陶罐，埃及的浮雕，萨桑王朝的织物，印第安人的服饰，日本的徽章等等。在各种各样的文化中，百合或象征着纯洁与童贞，或代表着孕育与繁盛，或寓意着最高的权力和统治。而在中世纪的欧洲，基督教将这三种象征意义都融合在了一起，随着玫瑰逐渐取代百合成为婚姻的象征，百合愈加为法国君王所喜，百合花饰被大量地运用在与法国王室有关的旗帜及纹章中。

马利亚与玫瑰

玫瑰和百合一样，起初遭到教会的厌恶，又在后来成了天主教神圣的象征。基督教形成之初，神父们对于玫瑰的看法模棱两可，特土良（Tertullianus，150 年—230 年）是早期基督教著名的神学家，这位来自北非的基督教主教为后世留下了大量文字作品。他一方面反对用玫瑰花环做成拱门来装饰教堂的做法，另一方面却颂扬野玫瑰的美丽，并且多次将天堂描绘成一个长满玫瑰的地方。在一篇可能是特土良所作的文章中，他写到来自北非的年轻贵妇圣佩蓓图和她的导师萨图拉斯因为信教而被俘，203年，他们在迦太基殉道之前曾看到过天堂的样子，称天堂里长满了一株株像柏树一样高大的玫瑰。

还有两位基督教早期的女殉道者，她们的故事也与玫瑰有关。304 年，圣多萝黛被罗马帝国皇帝戴克里先处以极刑。就在她受刑之前，一个年轻律师故意刁难她，要她给自己带来天堂的果实，以证明上帝的存在。正当圣多萝黛苦恼之时，一位天使带着果篮下到凡间，篮子里装着三只苹果和三朵玫瑰。

圣塞西尔从十六世纪起就被视为音乐家的主保圣人，她的故事也与天堂中的玫瑰有关。这位古罗马的女殉道者发誓为上帝守贞，虽然后来她迫于压力结婚了，却是有名无实的婚姻。一天，圣塞西尔的丈夫想要证实妻子的誓言，去找当时的教宗乌尔班。当他回家的时候，发现圣塞西尔正在和一位天

右页图：《玫瑰丛中的圣母》（*Madonne des roses*），伪皮埃尔·弗朗西斯科·菲奥雷迪诺，1485 年—1490 年

使交谈，天使的手中拿着玫瑰和百合的花环，他对圣塞西尔说："要把这些花环放好，这都是我从上帝的天堂给你带来的。它们永远不会凋谢，它们的香气也永远不会减退，那些不信仰上帝的人便看不见这些花环。"三世纪的时候，圣塞西尔殉道而死，她在丈夫和丈夫的兄弟身边，离开了人世。

人们对来自天堂的玫瑰充满了幻想和憧憬，但却往往忽视甚至诋毁长在人间的玫瑰。圣杰罗姆（saint Jérôme，342 年—420 年）和圣保兰（saint Paulin，353 年—431 年）最终解除了对玫瑰的禁令，并鼓励教徒们用它来装饰教堂。圣安波罗修（Sanctus Ambrosius，340 年—397 年）和圣巴西略（St. Basil the Great，330 年—379 年）称玫瑰是所有的花卉中最完美的，他们认为伊甸园中的玫瑰本没有刺，是亚当和夏娃对上帝的背叛才让它生出了这唯一的缺点。教会圣师圣伯纳德（Bernard of Clairvaux，1090 年—1153 年）借用诗人塞都利乌斯的文字，将玫瑰的优点都归功于圣母马利亚，而将玫瑰上的刺怪罪于夏娃。

马利亚是一朵玫瑰。夏娃是一根扎人的刺，而马利亚像玫瑰一样温柔对待所有人。夏娃像刺一样只会给人们带去死亡，马利亚却如玫瑰给人们带去慰藉。白玫瑰象征马利亚的纯洁，红玫瑰象征马利亚的善良：白如她的身体，红如她的灵魂；因践行美德而洁白，因战胜虚伪而火红；因真挚的情感而洁白，因承受的痛苦而火红；因上帝之爱而洁白，因怜悯苍生而火红。

这首诗中，玫瑰被用来歌颂圣母马利亚的圣洁，并进一步衬托出夏娃的罪恶。诗人认为夏娃是人类所有罪恶的源头，是她让人类离开了天堂。而与之相反，圣母马利亚对于拯救人类有着巨大的贡献，因为正是她受孕生下了救世主耶稣基督，所以耶稣基督的形象也常常与百合和玫瑰联系在一起。

浮想联翩的中世纪花园

欧洲中世纪花园中的植物也被赋予了众多象征意义。由于中世纪的花园多为围合式的封闭结构，其中的花卉多是人工种植的，所以这些花园既能被当作贞洁的避难所，同时也可以作为隐秘爱情的发生地。花园这一意向曾出现在《雅歌》（*Le*

Cantique des Cantiques）中，《雅歌》是《圣经》中的一本诗集，讲述的是一对男女互相表达爱意。雅歌中的花园是女性的隐喻，围合式花园象征着女性的贞洁，而被封住的喷泉亦能代表女性的童贞。除花园以外，很多植物也都有其隐含的意义，一些看似描绘风景的语句，其实是在谈论男女之间的爱情和性。诗歌的最后，女子让她的爱人进入了自己的花园，这就表明她已经接受了对方的爱。《雅歌》的特点就在于它运用了一些隐晦的表达方式来讲述男女之爱。

《雅歌》节选

你让我心雀跃，我的姐妹，我的未婚妻，
你的一个眼神，
你脖颈上的一串项链足以让我神魂颠倒。

你的爱是这样的充满魅力，我的姐妹，我的未婚妻！
它比美酒还要甘甜，
你的体香比世间所有的香氛还要美好！

你的唇上沾着蜜糖，我的未婚妻；

你的唇下是牛奶般柔滑的舌尖，

你衣服上的香气似乎能带我去到遥远的异乡。

你是一座围合式的花园，我的姐妹，我的未婚妻，

是还未流淌的水源，是尚被封闭的喷泉。

你将灌溉这座花园，这里将长出石榴树，

结出最甜美的果实，

还有女贞树和甘松香。

甘松香、藏红花、芳香芦苇、肉桂，

和所有其他有着乳香的树木；

没药与芦荟，

将这里充满着各种树脂的芳香；

花园中的喷泉，

活水之源，

宛如黎巴嫩的溪流。

起来吧，风神！过来吧，这里！

TABER NACVLA
CEDAR
CANT. I.
SICVT
NDICA MIHI
DILIGIT ANIMA MEA
PASCAS

吹进我的花园，让香气散发得更浓烈些！
让我的爱人进入花园，
让他品尝那些甜美的果实！

我进入了我的花园，我的姐妹，我的未婚妻，
我摘下我的没药和我的香草，
我品尝我蜂巢里香甜的蜂蜜，
我啜饮这里的美酒和鲜奶……
一起享用吧，朋友们，畅饮吧，让我们为爱干杯！

对于《雅歌》存在着很多不同的解读方式，有一种认为其中品德高尚的女子指的是圣母马利亚，而另一位年轻的男子则是耶稣基督。在这个故事中，他们变成了夏娃和亚当新的化身，而这座花园则类似于一个重建的伊甸园。按照这样的理解方式，在《雅歌》中封闭的喷泉和整个花园象征着马利亚的童贞和她对上帝的顺从，而因其与外界完全隔开，连原罪也不能玷污这座纯洁的花园。这种围合式的花园具有一定的宗教意义，在中世纪末，也就是欧洲文

左页图：十七世纪末地毯，描绘的为《雅歌》中的场景

描绘围合式花园的地毯，瑞士巴尔工厂，1554 年

艺复兴初期的很多绘画作品中，都用围合式花园作为天使报喜的背景，《路加福音》中写到天使加布里埃尔并不是在一个开放式的花园，而是在一个看起来像是屋子的地方报喜给圣母马利亚的，围合式花园正是通过四周的高墙和篱笆与外界隔开，形成了一个类似房屋的封闭结构，围合式花园因此与圣母马利亚的形象有了巧妙的关联。其中的一些画作中，加布里埃尔和马利亚的身旁还有一棵树，这代

表的是伊甸园中的生命之树，由于亚当和夏娃的失误，人类永远无法再尝到生命之树的果实。而生命之树在这里的出现代表着人类已经永远失去的纯洁和无知，同时也象征着基督耶稣即将降临人世，成为人类的救世主。天使报喜是一个充满鲜花的场景，因为马利亚的怀孕意味着新世界的到来，就像圣伯纳德说的那样："我们可以将这个故事理解为在一个花朵即将盛开之时（3 月 25 日正值初春），一朵

花（基督）在一个花城（拿撒勒）即将被另一朵花（马利亚）的灵魂所孕育。” 天使报喜的花园有时候也会被描绘成一个玫瑰园。毫无疑问，花朵在这个故事中是纯洁而神圣的，马利亚在受孕之时并不沾染原罪。从这里我们便可以看出，植物在宗教中的地位显得尤为重要，并且很多植物都有它们特定的意义，比如石竹代表神圣的爱情，月桂和柏树代表永生，石榴代表生育……

《玫瑰传奇》

玫瑰是神圣的爱的象征，而花园中的玫瑰也是骑士文学中浪漫爱情的代表。其中著名的《玫瑰传奇》（*Roman de la Rose*）由基洛姆·德·洛利思（Guillaume de Lorris）作于约 1225 年至 1228 年，又于 1269 年至 1278 年由让·德·梅恩（Jean de Meung）续成下卷。中世纪骑士文学中的典雅爱情，是作为封建领主的附庸而社会地位相对低下的骑士，试图追求比他们出身高贵的妇人们的爱情游戏。骑士会爱上一个高不可攀的有夫之妇，然后不断向她证明这份爱

封闭的花园，《玫瑰传奇》插图

情的坚贞和无畏，而被爱上的贵妇往往会刻意与骑士保持距离，以保持在他眼中的神秘感，这种爱情通常都是不以肉体占有为目的的单纯精神之爱。

《玫瑰传奇》的上卷讲述了作者基洛姆·德·洛利思的一个梦。他梦到自己被带到了一个美丽的地方，这是一个繁茂又宜人的花园，温柔的泉水浇灌出绿草、花朵和果树。花园里的舒适宁静让人联想到伊甸园，作者于是去寻找一朵玫瑰，这玫瑰象征着他的爱人。在经历了多次尝试之后，他追求玫瑰而不得，最终未能如愿。

基洛姆·德·洛利思所作的《玫瑰传奇》上卷节选，
其中对玫瑰的描述：

它如此美丽，
其他的花朵都黯然失色。
我一眼便被它吸引，
这一抹靓丽的红色
如此鲜艳又如此纯粹，
定是自然最得意的作品；
小小的花朵凝聚了伟大的艺术，
四对美丽的叶片，
紧紧地骄傲地贴在一起。
花茎直直的像一棵树干，
上面坐着花蕾，
既不狂妄也不向谁妥协，
它那美妙迷人的香气
让周围的空气都变得美好，
充满了整个花园。

当我感受到玫瑰的时候，
我的脑海中便只剩下了玫瑰，
想要靠近它将它摘下。

大约四十年后，让·德·梅恩续写的下卷让《玫瑰传奇》变得稍显冗长繁复，篇幅一下从4278行变成了2.2万行。让·德·梅恩和基洛姆·德·洛利思的行文方式大不相同，他对玫瑰所代表的爱人直接展开攻势，有更多直接对于爱情和性的描写，这也导致《玫瑰传奇》在后来被贴上了色情的标签。在下卷中，男主人公付出一切代价想要征服并且占有他心爱的人，由于过于强调男性对女性的占有欲，这部作品也被批评有厌女的嫌疑。

让·德·梅恩所作的《玫瑰传奇》下卷节选：

当我品尝了爱情，
这样如此甜美的馈赠，
便要继续我的朝圣，
我将完成我的旅途，
直到神庙；

历尽千辛，围上披肩，带着手杖。
向你保证，
我的旅行将不需要马匹。
我会在朝圣路上一路平安。
我虔诚又敏锐的心将一直忠诚。
这披肩将会温暖我。
它柔软又无缝纫的痕迹；
一丝风也无法穿过我的身体。
因为，那个女孩有着，
神秘的力量与巨大的耐心，
自然女神悄悄地将其给予了我。
这是她伟大的杰作。
当我来到这个世界，
便是为了可以永远在一起。

右页图：《玫瑰传奇》手稿，1390 年

Maintes gens dient
que en songes
N'a se fables non &
mençonges
Mes l'en puet tels songes songier
Qui ne sont mie mençongier
Ains sont depuis bien apparant
Si en puis bien traire a garant
J. Acteur qui ot nom Macrobes
Qui ne tint pas songes a lobes
Ainois descript la vision
Qui avint au roy Cypion
Quiconques cuide ne qui die
Que soit folesse & musardie
De croire que songes aviegne
Qui ce vouldra pour fol me tiegne
Car endroit moy ay je fiance
Que songes sont significance
Des biens aux gens & des anuis
Car li pluseur songent de nuys
Maintes choses couvertement
Que on voit puis appertement
Au vintiesme an de mon aage
Ou point qu'amours prent le paage
Des jeunes gens couchiez m'estoie
Une nuit si comme je souloie
Et me dormoye mout forment
Si vi .j. songe en mon dormant
Qui mout fu beaulx & mlt me pleust
Mes en ce songe onques rien n'eust
Qui avenu trestout ne soit
Si com li contes racontoit

生命之树

中世纪的装饰画师们在为《玫瑰传奇》绘制插画的时候，有时会用植物来表达一些性的暗示。比如在十四世纪理查德·蒙塔巴森（Richard Montbaston）和他的妻子让娜·蒙塔巴森（Jeanne Montbaston）共同绘制的版本中，他们故意将生命之树的形象与男性的生殖器官结合起来，将“生命之树”变成了“生殖器之树”。如插图所示，一位神职人员正从生命之树上摘下男性的生殖器官，并把它们放在一个篮子里；而在另一幅插画中，两个修女把它们摘下之后，直接放进了裙子的口袋。画家以一种自嘲的口吻，将人类的生命之树塑造成了这样的形象，历史学家们也指出将宗教故事的主题进行再创作是中世纪宗教绘画的特点之一。

正在采摘男性生殖器的修女，让娜·蒙塔巴森，十四世纪插画版《玫瑰传奇》

右页图：番木瓜雌树，约翰·帕斯，约1800年，植物学家夏尔·德莱克吕兹发现番木瓜树是雌雄异株的，但从根本上讲，他当时尚未对植物的性有准确认识

CARICA.

The female Papaw-tree; and Carabus Insects.

1. The female Blossom. 2. The male Blossom.

London Published as the Act directs, June 18, 1800, by J. Wilkes.

第四章

欧洲近代时期人们对植物认识的进步

十六世纪

当我们来到十六世纪，便到了植物研究觉醒的时代，从此，植物学正式成为一门科学。人们对植物的形态产生了浓厚的兴趣，学者们也试图去进一步探究植物，尤其是花朵各个器官的作用，从而解开植物身体的密码。直接而细致的观察是科学研究的第一步，也是最为重要的一步，它既能激发科学家们的灵感，提供思考的方向，也可以避免直接重复那些既有的观点和理论。现在就让我们跟随科学家们的脚步，一起回顾这场植物的发现之旅吧。故事依旧要从枣椰树说起，从古代到十六世纪，关于枣椰树繁殖方式的研究历时弥久，人们一直希望可以通过它来找到解决问题的突破口。

十六世纪初，那不勒斯政治家约维安·波坦纽斯（Jovianus Potanus，1429年—1503年）曾为长在布林迪西的一棵枣椰树雄树和长在奥特朗托的一棵雌树写下一首诗。诗中描述长在奥特朗托的那棵雌树，因为自己多年没有结出果实而黯然神伤，直到有一天，当它长得比森林里其他的树都要高的时候，它看见了那棵长在布林迪西的雄树。尽管这两棵树之间相隔近60公里，看起来并没有结合的可能，雌树最后却结出了果实。那么这首诗隐含的意思就是雄树的花粉最终跨过重重障碍和长在60公里以外的雌树结合了。这个故事和泰奥弗拉斯托斯的理论如出一辙，直到十七世纪末都一直被广泛地传播。它们经常被引用、复述，甚至改编，以至于比起真实的故事，这更像是一个传说，慢慢地，人们对其真实性都产生了怀疑。但不管怎样，这都是指引人们去探索植物的性的重要动力之一。

夏尔·德莱克吕兹（Charles de l'Écluse，1526年—1609年）对番木瓜树做过和枣椰树类似的研究，然而对于植物的性，这位佛拉芒的科学家还是没有形成正确的结论。他在 1611 年出版的拉丁文著作《后续护理》（*Curae posteriores*）中谈到番木瓜树有两种性别，雄树会开花，但不会结果；雌树会结果，但是永远不会开花。如果雌树与雄树相隔太远的话，便不能孕育出后代了。虽然夏尔·德莱克吕兹将番木瓜树和雌雄异株植物中最著名的例子——枣椰树进行了比较，但他所做的工作也就仅限于此了。夏尔·德莱克吕兹分析了番木瓜树和枣椰树这两个具有代表性的植物，却没有将植物的性理解为自然界中的普遍现象，也未动摇前人的错误观点。

科学界普遍认为，意大利植物学家安德烈亚·切萨尔皮诺（Césalpin，1519 年—1603 年）是第一个根据植物的器官（比如花、果实、种子）来给

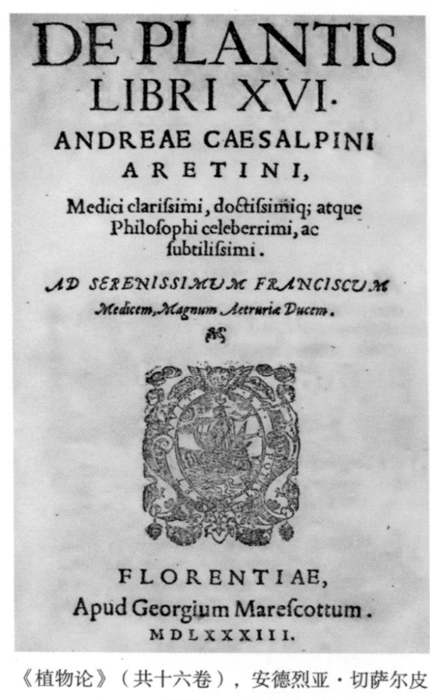
DE PLANTIS
LIBRI XVI.
ANDREAE CAESALPINI
ARETINI,
Medici clariſsimi, doctiſsimiq; atque
Philoſophi celeberrimi, ac
ſubtiliſsimi.
AD SERENISSIMUM FRANCISCUM
Medicem, Magnum Aetruriæ Ducem.
FLORENTIAE,
Apud Georgium Mareſcottum.
MDLXXXIII.

《植物论》（共十六卷），安德烈亚·切萨尔皮诺著，1583 年

植物进行分类的人。在此之前，科学家们都是根据植物的外观特征来进行分类，而这些所谓的特征，往往是基于主观的判断，并没有客观的事实依据。安德烈亚·切萨尔皮诺提出的分类方式，是植物研究的一大进步，他是继泰奥弗拉斯托斯之后，第一个以科学的方式研究植物，并出版了相关理论著作的植物学家。他的《植物论》（*De Plantis*）中探讨了植物的性，但是却并没有对亚里士多德的观点提出异议。既然安德烈亚·切萨尔皮诺赞同亚里士多德所说的植物通过自身就可以繁衍出后代，这就相当于他否定了植物繁殖过程中性的重要性。安德烈亚·切萨尔皮诺虽然区分了植物的雄性和雌性，但他并未理解生殖器官的功能是什么，对他而言，雄树和雌树之间的差别，就是不结果和结果而已。安德烈亚·切萨尔皮诺创造性地将雄性这个词理解为干热体质，将雌性理解为湿冷体质，这也表现出了他的独创性和敏锐的洞察力，他对植物的分类方式为当时的植物学家们打开了系统分类学的大门。而他的另一个贡献在于他让植物的生理学，尤其是营养学，重新被赋予了价值和意义。但是就植物的性来说，这位伟大的植物学家仍然没有用科学的观察来纠正前人的错误。

除了安德烈亚·切萨尔皮诺，在当时还有一位不那么出名的植物学家——亚当·扎鲁兹安斯基（Adam Zaluziansky，1558 年—1613 年）。相较而言，他的工作并没有获得广泛的关注和认可，不过这位来自捷克的医生，似乎是历史上第一位将植物的性作为重要研究对象的植物学家。在他 1592 年出版的《草本植物学方法》（*Methodi herbariae*）中，用了一整个章节来探讨植物的性。亚当·扎鲁兹安斯基认为大部分植物都是雌雄同株的，同时有雌雄两种性别，而少数植物则是雌雄异株的，比如常常被当作经典案例的枣椰树。毫无疑问，提出雌雄同株这个概念，是亚当·扎鲁兹安斯基对于植物学研究的重大贡献，但可惜的是这一革命性的创举却被当时的绝大多数植物学家所忽视。当时赫赫有名的夏尔·德莱克吕兹、让·博欣（Jean Bauhin，1541 年—1613 年）和他的弟弟盖斯帕·博欣（Gaspard Bauhin，1560 年—1624 年）都没有注意到这个伟大的发现，甚至直到十七世纪它都没有被植物学界完全承认。比如约齐姆·荣格（Joachim Jung，1587 年—1657 年）就驳斥了亚当·扎鲁兹安斯基关于雌雄同株的观点，虽然约齐姆·荣格对雄蕊和雌蕊都有了准确而且详尽的观察，但他却认为夏尔·德莱克吕兹和泰奥弗拉斯托斯的理论才是正确的。还有德国植物学家 R. J. 卡梅拉里乌斯（Rudolf Jakob Camerarius，1665 年—1721 年），我们将在后面看到他是如何对植物的性的研究起到了关键性的作用，但是即便如此，他也从未关注过亚当·扎鲁兹安斯基的主张。现在我们只能说如果亚当·扎鲁兹安斯基的观点能够被当时的植物学家们采纳的话，人类一定能更早掌握植物繁殖的秘密。

十七世纪

在十七世纪，显微镜的发明大大地推动了植物学的研究，人类在 1665 年第一次用显微镜来观察植物。意大利显微解剖学家马尔切洛·马尔皮吉（Marcello Malpighi，1628 年—1694 年）和英国内科医师尼赫米亚·格鲁（Nehemiah Grew，1641 年—1712 年）被认为是植物解剖学的奠基者。他们在几乎同一时间有了相似的发现，并且都在 1671 年发表

马尔切洛 · 马尔皮吉
（1628 年—1694 年）

尼赫米亚 · 格鲁
（1641 年—1712 年）

了他们的重要研究成果。马尔切洛 · 马尔皮吉研究了雄蕊，但他并不知道花粉的作用，所以在当时还仍然把它叫作“粉末”，他认为这种粉末可能是植物的一种排泄物。在对于雄蕊的研究上，尼赫米亚·格鲁要比马尔切洛 · 马尔皮吉更进一步，不过这要多亏托马斯·米林顿医生(Thomas Millington，1628 年—1703 或 1704 年)。在他们的一次谈话中，托马斯·米

右页图：种子、花粉和其他花朵局部的插图，《植物解剖学》，尼赫米亚·格鲁，1680 年

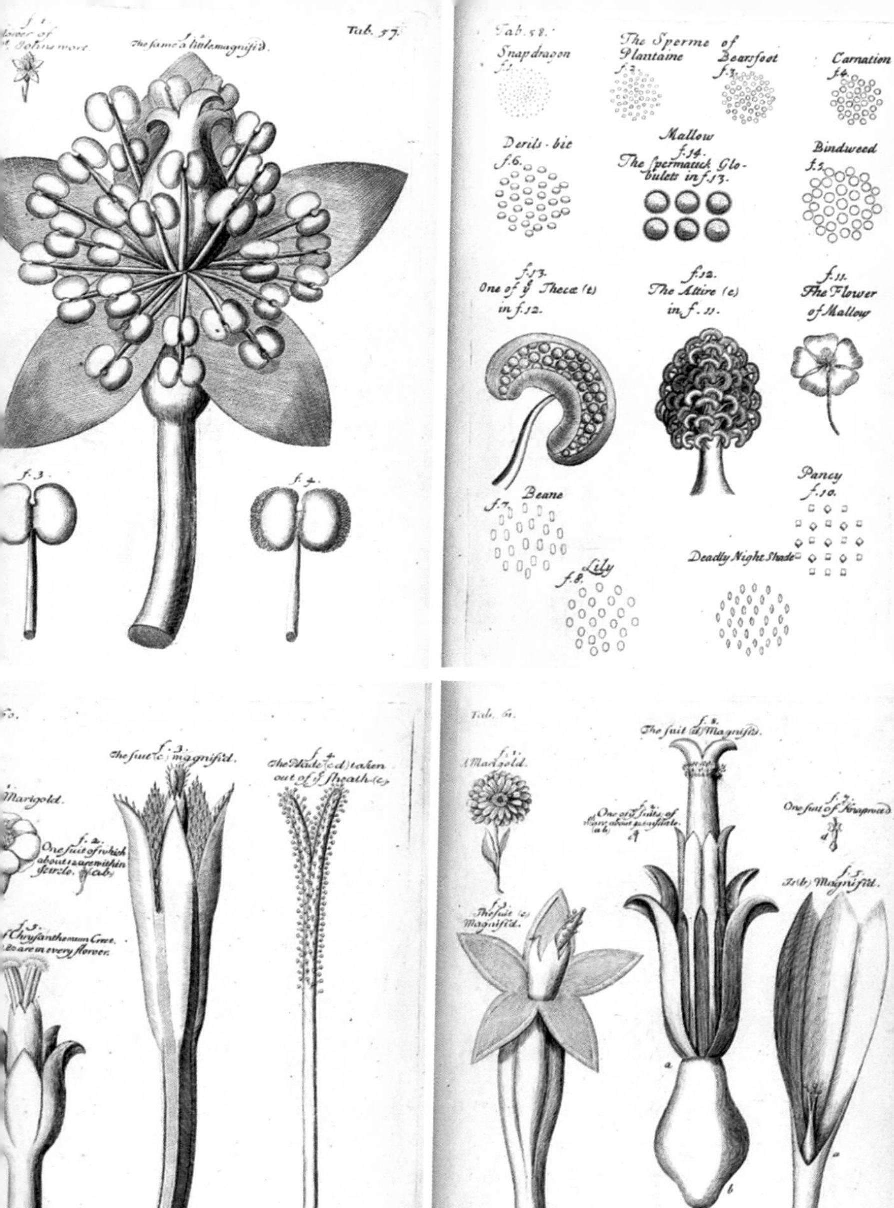

林顿向尼赫米亚·格鲁提出雄蕊可能是植物的雄性生殖器官，尼赫米亚·格鲁立刻受到了启发，将这一观点写进了自己的著作中。和当时的大部分植物学家不同，尼赫米亚·格鲁倾向于赞同雌雄同株的观点，他将花粉看作是种子形成的过程中分泌出液体的残留物。综上所述，我们可以理解为尼赫米亚·格鲁已经或多或少感觉到了花粉在植物的繁殖过程中扮演着十分重要的角色，但可惜的是，当时的学者们还是不敢挑战前人对于植物繁殖的理论。

播种论的绝对地位

想要了解当时的科学家们对于植物的性的想法，我们不妨先看看当时的人们是如何理解人类和动物的性的。

在人类和动物的世界，亚里士多德的观点同样占据着绝对主导的作用，从古代到十七世纪，他和他的追随者们拥有绝对的话语权，鲜少有科学家敢提出与之相对的观点。古代的科学家们基本达成了一致，认为精液相当于男性的“种子”，而经血相当于女性的“种子”。这么说的原因有两个：一个是一旦女性怀孕，便会出现闭经的情况；另一个是月经从青春期才开始，在更年期之后便会绝经。人们相信一旦女性受孕，经血就会留在子宫里，参与新生命的孕育。和毕达哥拉斯一样，亚里士多德也认为精液“是由人体中的养料最后转化而成”，他认为精液来源于血液，经过了复杂的转化已经“成熟”，因而呈白色。而女性的经血转化并不充分，仍有血质，所以呈红色。

希波克拉底和德谟克利特认为，在人类繁殖的过程中，男性的精液和女性的经血的作用是同等重要的，并且在比例上也应当等量地被混合在一起。但亚里士多德与他们的观点不同，他认为并不存在精液和经血之间的混合，更不需要以等量的方式将两者混合。恰好相反，只有精子才是受孕的关键，精子在经血这一液体介质中运动，从而形成一个新的生命。女性或者雌性动物提供的，不过是一种辅助的质料，换句话说就是由她们提供一个受孕的环境，而男性或者雄性动物提供的“种子”才是受精过程中最为关键、最不可或缺的东西。亚里士多德的这个理论在科学界有更多的拥护者，并从人类繁衍的角度奠定了男性的优势地位。从这个观点中诞生了播种论，又叫播种理论系统。

巧合的是，在阿拉伯世界也出现了与之极为类似的论断。十一世纪初的时候，阿拉伯著名哲学家阿维森纳（Avicenne）和伊本·鲁世德（Averroès）都称精液是人类繁殖中最重要的载体和媒介，而女性的贡献，不过是一个简单的场所罢了。

卵源论的诞生

直到十七世纪末，关于繁殖这方面的研究才有了新的方向，这还是要得益于显微镜的发明。在丹麦解剖学家尼古拉斯·斯坦诺（Nicolas Steno，1638年—1686年）研究成果的基础上，荷兰医生约翰尼斯·凡·霍恩（Johannes van Horne，1621年—1670年）在1668年第一次正式用“卵巢”来命名女性的生殖器官，而在此之前人们一直是用“女性的睾丸”来表示的。约翰尼斯·凡·霍恩用显微镜观察那些胎生动物的卵巢，发现其中有一些球形的会脱离卵巢的东西，于是将其和卵生动物的卵相对应。

这个观点很快就被另一位荷兰的医生雷尼尔·德·格拉（Reignier De Graaf，1641年—1673年）所接受，他将这些卵巢中的球形物体命名为“卵子”，并且提出了一个新的学术理论——卵源论。和播种论相反，卵源论认为：“所有动物和人类的生命，都是从卵子中孕育出来的，而且卵子一直都存在于女性或者雌性动物的身体之中。”

加斯帕德·巴托林（1560年—1624年）

荷兰自然学家简·斯旺默丹（Jan Swammerdam，1637年—1680年）是生物学中使用显微镜的先驱之一。他赞同卵源论，并且于1672年将其与先成说的理论进行了结合。简·斯旺默丹认为女性的卵子中存在胚胎的雏形，而且在这个胚胎中还嵌套着更小的胚胎，就类似于俄罗斯套娃的结构，一层一层循环往复。根据这个理论，我们可以推论出这个世界上第一位女性身体里的卵子中，一定是嵌入了无穷多个小胚胎，可以说是承载了整个人类的未来。这种说法虽然现在听起来可能没什么说服力，但在

当时却对植物的研究产生了一定的影响。从这里我们可以再次看出宗教对于科学的影响，因为宗教中说世界上的所有人都是亚当和夏娃繁衍出来的，夏娃就是孕育了所有人的母亲，这似乎和先成说的理论不谋而合。更夸张的是，一些相信卵源论的科学家还不惜杜撰出一些证据来支持自己的观点。比如丹麦医生加斯帕德·巴托林（Gaspard Bartholin，1655 年—1738 年），他说自己可以证明有一个小姑娘出生时便已经怀孕了。要知道在当时，并不是所有人都相信人类只有通过男性和女性的结合才能繁衍后代，很多赫赫有名的自然学家（包括马尔切洛·马尔皮吉），都选择了卵源论的阵营。他们认为精液在生殖过程中起到的作用微乎其微，不过是可以唤起卵巢，让胚胎开始发育而已，在此之前胚胎一直是沉睡的状态。

左页图：《安东尼·范·列文虎克与显微镜》，埃内斯特·博德，年代未知

精子的发现和精源论

1674 年，荷兰科学家安东尼·范·列文虎克（Antoni van Leeuwenhoek，1632 年—1723 年）的发现让人们对于生殖领域的研究有了重大进展。

安东尼·范·列文虎克是荷兰的一位贸易商，他对显微镜十分感兴趣，通过显微镜他观察到了人类的精子，并称这些微小的物质会向各个方向移动。安东尼·范·列文虎克在其他哺乳动物（比如两栖类动物、鱼类和蜗牛）的精液中，也观察到了类似的“蠕虫”一样的东西。不久以后，全世界的科学家和哲学家都迫不及待想要通过显微镜一睹这些小生物是如何游动的。于是，继卵源论之后，科学家们又将重点从卵子转移到了精子上，认为其实胚胎来源于精子，每一个精子的头部里面都包含有一个小人，于是先成说

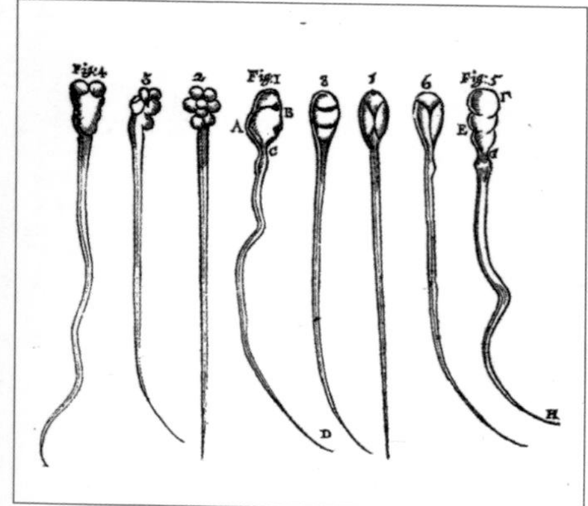

安东尼·范·列文虎克用显微镜观察到的兔子和狗的精子

的理论又被套用在了精子上。安东尼·范·列文虎克认为卵子在胚胎的形成中没起什么作用，他将女性的子宫当作是胚胎发育需要的一个简单住所而已，不过是柔软的、被动的。虽然这种论断中有不少错误，但从另一个角度来说，这时人们已经基本认同了只有精子和卵子结合，女性才能够受孕的事实。争论的焦点于是转移到了精源论和卵源论之间，这场争辩一直持续到了十九世纪中期。经过多次摸索，科学家们试图将两种观点进行中和，并最终发现了人类究竟是如何生殖繁衍的。1875 年，德国动物学家奥斯卡·赫特维希（Oscar Hertwig，1849 年—1922 年）通过对海胆的观察，准确描述出了精子和卵子结合的方式。

回归植物本源

现在让我们重新回到十七世纪的植物世界。尼赫米亚·格鲁承认了雄蕊作为雄性生殖器官的功能，但是他却固执地认为植物和动物的生殖方式具有极强的可比性，而且植物的受精和动物一样，需要一个交配的过程，雄性生殖器官和雌性生殖器官必须直接接触。

显然，这个判断让尼赫米亚·格鲁的研究陷入了困境，因为他把重点放在了寻找植物中用来交配的性器官上，并且将植物和动物的受精方式进行一一对应，他用雌蕊来对应阴茎，用花药来对应睾丸，得到的结果是显而易见的——这当然行不通。于是，尼赫米亚·格鲁改变了自己的一些思路，他观察到一些动物在繁衍后代的过程中并不需要交尾或交合，

约翰·雷（1623年—1705年）

JOANNIS RAII,
Societatis Regiæ Socii,
Historiæ Plantarum
TOMUS TERTIUS:
QUI EST
SUPPLEMENTUM
Duorum præcedentium:
SPECIES omnes vel omissas, vel post Volumina illa evulgata editas, præter innumeras fere novas & indictas ab Amicis communicatas complectens:
CUM
SYNONYMIS necessariis,
ET
Usibus in *Cibo*, *Medicina*, & *Mechanicis*:
Additu ad Opus consummandum Generum INDICE copioso.

ACCESSIT
Historia Stirpium Insl. *Luzonis* & reliquarum *Philippinarum*
A
R. P. *Geo. Jos. Camello*, Moravo-Brunensi, S. J. conscripta.
ITEM
D. *Jos. Pitton Tournefort*, M.D. Parisiensis, & in Horto Reg. BOTANICES PROFESSORIS,
COROLLARIUM Institutionum Rei Herbariæ.

《植物史》第三卷，约翰·雷，出版于1704年

比如大部分的鸟类，它们在交配的时候只会相互摩擦它们的泄殖腔，与之类似，雄鱼会直接将精液产在雌鱼排出的卵上。尼赫米亚·格鲁由此推论出，或许植物的繁殖方式与这些动物类似，有一个“过渡者”可以将花粉的生育能力转移到子房上。

现在看来，尼赫米亚·格鲁几乎是和正确答案擦肩而过，遗憾的是由于没有找到足够的证据来支撑自己的观点，他选择放弃了这个想法。其实他已经窥见了植物繁殖的秘密，并且做了大量的分析工作，只可惜缺少科学的实验来进行论证。

有了尼赫米亚·格鲁的成果作为基础，再加上他本人的观察和研究，伟大的英国博物学家约翰·雷（John Ray，1627年—1705年）也得出了相同的结论，他也很有可能是第一个使用“花粉”这个词的人。约翰·雷在他的三本著作中都讲到了植物的性，并且质疑了一个在当时还十分盛行的观点：雄蕊不过是花朵上的装饰。约翰·雷认为雄蕊是非常重要的器官，很有可能是靠它来传播植物的“精子”，但仍然需要进一步地确认。

教会的应对措施

科学技术的发展使科学家们以一种全新的方式去解释自然规律。在他们揭示科学现象的同时，那些与宗教观念相悖的观点无法避免地动摇着宗教信仰的根基，自然也引起了教会方面的注意。如此看来，一些科学研究会遭到教会的反对再正常不过了，这些宗教机构不遗余力地想要阻碍科学的发展，以便维护其颜面并重新稳固宗教的保守地位。

1677 年，法国的耶稣会神学家奥诺雷·法布里（Honoré Fabri，1607 年—1688 年）出版了一部作品，旨在证明性对于植物的繁殖来说并不是必需的。与此同时，法国神学家尼古拉·马勒伯朗士（Nicolas Malebranche，1638 年—1715 年）也用一种形而上学的方式来看待植物的性。尽管他已经充分了解尼赫米亚·格鲁和马尔切洛·马尔皮吉的研究成果，在他于 1688 年出版的《关于宗教、形而上学和死亡的探讨》中，这位奥拉托利会教士还是将视野重新转移到了对种子的研究上。我们有理由相信尼古拉·马勒伯朗士也读过了约翰·雷 1686 年出版的《植物史》，但他依然不顾科学研究的进步，执意坚持《创世纪》中的描述，认为“是上帝一下子创造出了所有的动物和植物”。尼古拉·马勒伯朗士宣称造物主不仅给了所有的植物生命，还为它们的后代留下了种子。换句话说，不论植物学的研究取得了多大的进步，奥诺雷·法布里和尼古拉·马勒伯朗士依旧是亚里士多德学说的忠实信徒。

《创世纪》节选

然后上帝说让大地上铺满绿色吧，青草会散播出种子，长出更多的青草，各种各样的果树也会结出各种各样的果实，这些果实吃完之后又能留下种子，有了种子，就可以长出更多的果树，如此往复，大地上便会一直有青草，一直有果树，这样便很好了。

可以肯定的是，科学的进步并不会因为教会的阻挠而止步。十七世纪末，德国的医生和植物学家R. J. 卡梅拉里乌斯第一次证实了植物的性，他也是第一位用一整部作品来探讨植物的性的人。R. J. 卡梅拉里乌斯于1694年出版了他的著作《关于植物的性》

R. J. 卡梅拉里乌斯

（*De Sexu Plantarum Epistola*）。鉴于他在英国待过一年，他很有可能知道尼赫米亚·格鲁和约翰·雷，应该也读过他们的文章并从中受到了启发。得益于时代的进步，R. J. 卡梅拉里乌斯的研究方法要现代许多，他最终是用科学实验的方式来证明自己的观点的。实验的灵感来源于他对雌雄异株的桑葚树的观察，R. J. 卡梅拉里乌斯发现如果没有桑葚树的雄树，雌树结的种子是种不出桑葚的，这种实验方法是 R. J. 卡梅拉里乌斯的首创。然后他又去观察了另一种雌雄异株的植物——一年生的山靛。他将其雄树与雌树分开之后，发现不出所料，雌树的种子无法长出新的树苗。有了这两次成功的实验，R. J. 卡梅拉里乌斯又做了一系列尝试来论证他的观点，并将其理论进一步细化。在了解了雌雄异株的植物之后，他又开始研究雌雄同株的植物，也就是同一棵植株上既有雄性生殖器官又有雌性生殖器官的植物。

他最后选择了蓖麻作为实验的对象，R. J. 卡梅拉里乌斯在蓖麻的雄性生殖器官还没有完全成熟的时候就将它们剪掉，最后的结果和他预料的一样，得到的种子也是无法种出新的植株的。

R. J. 卡梅拉里乌斯又用菠菜和大麻做了这个实验，得到的结果都是一样的。他也并没有止步于此，而是用玉米做了另一个实验，这次他的目标从雄性生殖器官变为了雌性生殖器官。玉米是雌雄异株的植物，R. J. 卡梅拉里乌斯剪掉玉米的雌蕊，然后发现在这种情况下，玉米根本就长不出种子，甚至连外壳都没有。多亏了他这次颇具新意的实验，R. J. 卡梅拉里乌斯彻底确认了植物性器官的作用，并且证实了雄蕊就是植物的雄性生殖器官，雌蕊就是雌性生殖器官。他的实验结果说明了植物只有通过受精，才能形成具备繁衍功能的种子。承认了受精，也就是承认了植物繁殖中性的存在，这个发现堪称伟大！然而，R. J. 卡梅拉里乌斯并没有沿着这条正确的道路继续深入探究植物繁殖的秘密，而是将他的观点与其他一些科学家的理论相结合，认为植物的雄性生殖器官在孕育新生命的时候扮演着绝对重要的角色，而雌性器官则是被动的，不过是一个孕育种子

一年生山靛

Euphorbiaceae
蓖麻
Ricinus communis

和新生命的场所而已。理论上说，R. J. 卡梅拉里乌斯的观点都有大量的实验结果做支撑，非常具有说服力，但实际上，他的观点在一个世纪以后才真正被人们所接受。直到十九世纪，植物学界一直存在着两个阵营：植物有性派和植物无性派。要知道，这不完全是科学家们对于两种相悖的观点的争论，而更类似于新的科学发现对强势的传统宗教和道德观念的一种挑战。显然，天主教的拥趸者们强烈反对将植物与性联系起来，他们甚至认为这样谈论植物已经是一种对于宗教的侮辱。那么为什么他们会这样认为呢？首先，这些新的科学发现与教会一直秉承的观点背道而驰，倘若承认这些观点，就代表教会之前所宣扬的观念是错误的，有损教会的权威。另外，性的概念在宗教中往往与原罪联系在一起，谈论植物的性便引起了那些具有正统观念的人的愤怒。他们想到的是："难道要我们承认连植物，世界上最后一块不被原罪所沾染的净土，也难逃性和罪恶的魔爪吗？"

十八世纪

在法国历史上，有一位颇有影响力的植物学家叫作约瑟夫·皮顿·德·杜尔科那（Joseph Pitton de Tournefort，1656 年—1708 年）。他生于图尔市一个古老的家族，家庭富裕，从小就受到教会思想的熏陶。约瑟夫·皮顿·德·杜尔科那起初只是参加一些与植物学相关的研讨会，后来在他的父亲去世之后，便全心投入到自己热爱的植物学中去了。他去过很多地方旅行，后来成为了法国国王路易十四的私人医生，并从另一位伟大的植物学家盖伊·柯乐桑·法贡（Guy-Crescent Fagon，1638 年—1718 年）的手中接下了掌管皇家植物园的任务，当时的皇家植物园就是现在的巴黎植物园。约瑟夫·皮顿·德·杜尔科那还担任巴黎医学院的教授，并且进入了法国科

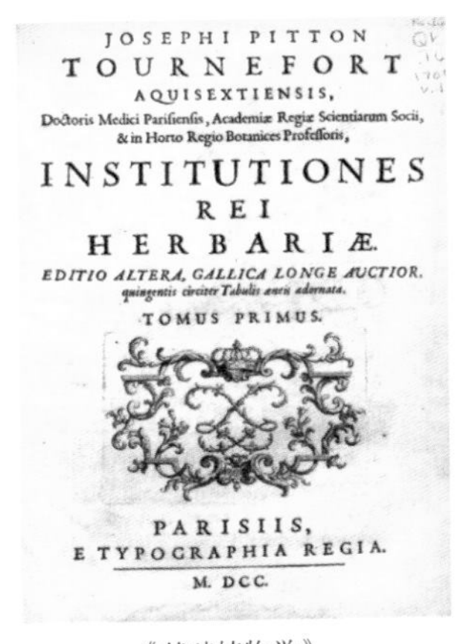

JOSEPHI PITTON
TOURNEFORT
AQUISEXTIENSIS,
Doctoris Medici Parisiensis, Academiæ Regiæ Scientiarum Socii, & in Horto Regio Botanices Professoris,

INSTITUTIONES
REI
HERBARIÆ.

EDITIO ALTERA, GALLICA LONGE AUCTIOR. quingentis circiter Tabulis aeneis adornata.

TOMUS PRIMUS.

PARISIIS,
E TYPOGRAPHIA REGIA.
M. DCC.

《基础植物学》
约瑟夫·皮顿·德·杜尔科那著
出版于 1700 年

TABLE DES CLASSES
DES GENRES DES PLANTES.

CLASSE I. *Des herbes à fleur d'une ſeule feuille reguliere, ſemblable en quelque maniere à une cloche, à un baſſin, ou à un godet,* 67

CLASSE II. *Des herbes à fleur d'une feuille reguliere, ſemblable en quelque maniere à un entonnoir, à une ſoucoupe, ou à une roſette,* 95

CLASSE III. *Des herbes à fleur d'une ſeule feuille irreguliere,* 130

CLASSE IV. *Suite des herbes à fleurs d'une ſeule feuille irreguliere, que l'on appelle proprement des fleurs en gueule,* 146

CLASSE V. *Des herbes qui ont les fleurs en croix, c'eſt-à-dire qui ſont composées de quatre feuilles diſpoſées en croix,* 178

CLASSE VI. *Des herbes dont les fleurs ſont composées de pluſieurs feuilles diſpoſées en roſe,* 200

CLASSE VII. *Suite des herbes à fleur en roſe, ſçavoir des fleurs en paraſol ou en umbelle,* 253

CLASSE VIII. *Des herbes à fleur reguliere composée de pluſieurs feuilles diſpoſées en œillet,* 279

CLASSE IX. *Des herbes dont les fleurs approchent en quelque maniere de la fleur du lis, & que l'on appellera dans la ſuite des fleurs en lis,* 285

CLASSE X. *Des herbes à fleurs irregulieres composées de pluſieurs feuilles, & qu'on appelle ordinairement des fleurs legumineuſes,* 307

CLASSE XI. *Suite des herbes à fleur irreguliere, composée de pluſieurs feuilles,* 332

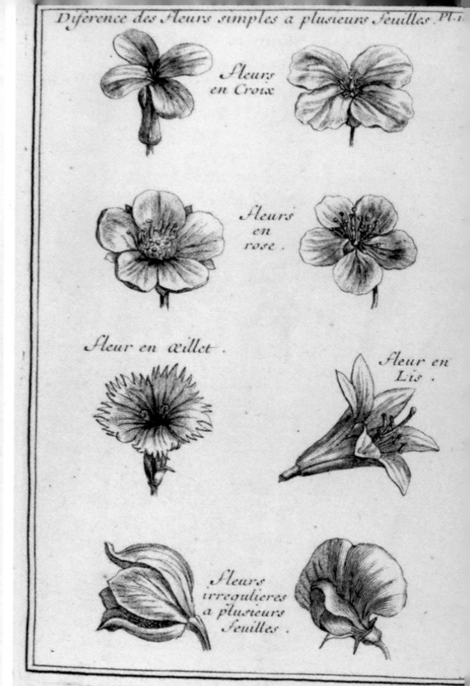

《植物学概要或了解植物的方法》（*Éléments de botanique ou méthode pour connaître les plantes*）节选
约瑟夫·皮顿·德·杜尔科那著
出版于 1694 年

学院。他在整个欧洲都非常出名，其权力和影响力都是毋庸置疑的。在植物的分类方面，约瑟夫·皮顿·德·杜尔科那也出版了一部重要的作品，基于花朵，尤其是花冠的特点给植物进行分类。虽然这个分类方法并不完美，但不管是对于植物学还是植物分类学来说，这都是一个重大的进步。随着时代的发展，约瑟夫·皮顿·德·杜尔科那的分类方法在后来被卡尔·林奈（Carl Linné，1707年—1778年）提出的方法所取代。

由于从小接受教会的教育，约瑟夫·皮顿·德·杜尔科那的理论相对保守，他不赞成性是植物繁殖所必需的条件。鉴于他的影响力，他的理论在十八世纪上半叶的欧洲占据了绝对的主导地位，甚至压制了其他科学家在植物的性的方面的研究。1700年，约瑟夫·皮顿·德·杜尔科那出版了《基础植物学》（*Institutiones Rei Herbariae*）。在这部著作中，他质疑了R. J. 卡梅拉里乌斯的理论，虽然明知其背后有大量的实验作为支撑，却故意避之不谈。约瑟夫·皮顿·德·杜尔科那坚持认为雄蕊不过是一个没什么用的器官，而花粉只是扮演着排泄物的角色。在他的眼中，花药被“降级”成为花朵的肛门，只不过是排泄物要通过的出口，至于雌蕊，它就是一个微型的果实。除此以外，约瑟夫·皮顿·德·杜尔科那还拒绝使用显微镜，他坚持用肉眼观察，这位伟

下页图左：赫尔曼·布尔哈夫和他的学生们在荷兰莱顿植物园，1756年

下页图右：荷兰莱顿植物园，所作日期不详

over de
Kragten der medicijnen,
door B. B. .. M. D.
Contra vim Mortis,
Nullum Medicamen in Hortis.

大的植物学家从小接受的宗教教育，使得他已经无法用完全客观的态度来看待这个科学问题。与此同时，在与法国相邻的意大利，西多修道会的虔诚的植物学家保罗·博科尼（Paulo Boccone，1633年—1704年）也驳斥了植物中存在性的观点。

尽管R. J. 卡梅拉里乌斯遭到了不少来自教会的攻击，但他的发现还是获得了一些关注，也有许多科学家追随他，并继续他的研究。从1718年开始，荷兰的植物学家赫尔曼·布尔哈夫（Hermann Boerhaave，1668年—1738年）就向他的学生们教授关于植物的性的知识。赫尔曼·布尔哈夫也是植物学界一位重要的人物，他主管着当时欧洲植物学家们眼中的圣地——荷兰莱顿植物园。

法国植物学家塞巴斯蒂安·瓦扬（Sébastien Vaillant，1669年—1722年）既是赫尔曼·布尔哈夫的好朋友，又是约瑟夫·皮顿·德·杜尔科那的学生，他不仅自己坚定地相信事实真相——植物是有性的，还将给他的老师约瑟夫·皮顿·德·杜尔科那的理论带来致命一击。约瑟夫·皮顿·德·杜尔科那于1708年不幸被马车撞死，他皇家植物园园长的职位由当时年仅23岁的安托万·德·朱西厄

DISCOURS
SUR LA STRUCTURE DES
FLEURS,
LEURS DIFFERENCES ET L'USAGE
DE LEURS PARTIES;
Prononcé a l'Ouverture du Jardin Royal de Paris,
le X. Jour du mois de Juin 1717.
ET
L'ETABLISSEMENT
de trois nouveaux genres de
PLANTES,
L'ARALIASTRUM,
LA SHERARDIA,
LA BOERHAAVIA.
Avec la Description de deux nouvelles PLANTES
rapportées au dernier genre,
Par
SEBASTIEN VAILLANT,
Demonstrateur des Plantes du Jardin Royal à Paris.

A LEIDE,
Chez PIERRE VANDER Aa,
Marchand Libraire, Imprimeur de l'Université & de la Ville.
MDCCXVIII.

《关于花的结构、差异及各部分用途的论述》
塞巴斯蒂安·瓦扬
1718 年

塞巴斯蒂安·瓦扬
（1669 年—1722 年）

（Antoine de Jussieu，1686 年—1758 年）接替。那时候，塞巴斯蒂安·瓦扬已经有四十来岁，虽然他出身卑微，却在皇家植物园身兼要职。塞巴斯蒂安·瓦扬的父亲是一个商人，年轻的瓦扬原本是一名外科医生，后来被约瑟夫·皮顿·德·杜尔科那收入门下，又被盖伊·柯乐桑·法贡相中当了他的秘书。在当时的法国，外科医生和理发师一样被认为是商贩，所以并不像医生那样受到尊重。1717 年，塞巴斯蒂安·瓦扬步步高升，成为了皇家植物园的二把手，负责植物园的实物示教，也就是向医学院的学生和皇家植物园的参观者们讲解植物的文化和用途。当时植物园的园长同时要兼任教师，负责给医学院的学生们上课。由于担任园长的安托万·德·朱西厄经常外出旅行，塞巴斯蒂安·瓦扬也会时不时帮他代课。1717 年 6 月 10 日是一个重要的日子，那天安托万·德·朱西厄去了西班牙旅行，塞巴斯蒂安·瓦扬照常帮他给医学院的学生们上课。结果，塞巴斯蒂安·瓦扬竟然趁着安托万·德·朱西厄不在，向学生们讲了自己对植物的性的看法。虽然塞巴斯蒂安·瓦扬一直都相信植物的性的存在，但碍于约瑟夫·皮顿·德·杜尔科那和安托万·德·朱西厄，他只能在学生面前一直压抑自己的想法，要知道即使是在约瑟夫·皮顿·德·杜尔科那去世多年之后，他的权威也一直是不容置疑的。塞巴斯蒂安·瓦扬用他惊人的胆量，向自己的恩师也是植物学界的泰斗发起了挑战。塞巴斯蒂安·瓦扬发表了《关于花的结构、差异及各部分用途的论述》（*Discours sur la structure des fleurs, leurs différences et l'usage de leurs parties*），在这篇文章中他并没有提出什么创造性的见解，但是却有力地反击了那些坚称植物没有性的科学家。因为在此之前，关于植物的性的研究都是零散的，不管是尼赫米亚·格鲁、约翰·雷，还是 R. J. 卡梅拉里乌斯，他们的结论虽然都正确却没有什么冲击力。尤其是 R. J. 卡梅拉里乌斯，他的研究过程翔实、论据充分、成果瞩目，但科学家本人却似乎并无意与更多人分享，只是将自己的研究成果写成一封信，寄存在同行瓦伦蒂尼那里。此后，对于约瑟夫·皮顿·德·杜尔科那和其他植物学家对他的攻击，他也并不反驳。

和 R. J. 卡梅拉里乌斯不同，塞巴斯蒂安·瓦扬在确信雄蕊和雌蕊是植物的生殖器官之后，便决心彻底与之前的错误思想决裂，不愿再违心地向学生们讲授错误的知识。那么塞巴斯蒂安·瓦扬是如何确信植物的繁殖需要性的呢？他用了一个最简单也最有说服力的方法——实验。当时皇家植物园里有一棵约瑟夫·皮顿·德·杜尔科那亲自种的开心果树，这棵树至今还生长在那里。开心果树是雌雄异株的，所以皇家植物园的这棵树每年都会开花，却从来不结果。在距离皇家植物园大约一公里的地方，还有另一棵开心果树，而且这棵树也从来不结果。根据两棵树的特征，塞巴斯蒂安·瓦扬推测它们分别为一雌一雄。为了检验雌树需要通过雄树的花粉来繁殖的假说，塞巴斯蒂安·瓦扬剪下了第二棵开心果树的枝条，然后把花粉撒在皇家植物园的那棵开心果树上。于是奇迹发生了，这棵开心果树第一次结了开心果。在好奇心的驱使下，塞巴斯蒂安·瓦扬无意间对开心果树做了和 2500 年前的亚述人对

从塞纳河畔眺望奥斯特里茨桥与巴黎植物园，1807 年

枣椰树做的同样的事情。开心果树能够结果的确凿事实，让塞巴斯蒂安·瓦扬从此对雄蕊和雌蕊分别是植物的雄性和雌性生殖器官深信不疑。于是，他大胆挑战权威，向学生们介绍了自己的观点，并且旗帜鲜明地向自己曾经的老师约瑟夫·皮顿·德·杜尔科那发起了挑战，震惊整个植物学界。

《关于花的结构、差异及各部分用途的论述》节选

植物的生殖器官主要有两个，就是雄蕊和雌蕊（子房）。雄蕊是植物的雄性生殖器官，而那位伟大的植物学家（指约瑟夫·皮顿·德·杜尔科那）却将它视作是植物最无关紧要、最污秽的部分。事实上它却是最为高贵的，因为它的作用和动物的生殖器官一样，都是用于繁衍后代，从而保持物种的延续；植物的雄蕊是由端头膨大的囊状结构和下部细长的丝状结构构成的，用通俗的话说就是花药和花丝。

植物的花药对应的是动物的睾丸，它们不仅都是雄性生殖器官的一部分，而且形状和功能也都较为相似。不管其结构如何，完整的花朵中都有花药，

大都分成两个药室，里面包含着大量的花粉……

在将雄蕊的结构、形态和功能公之于世之后，塞巴斯蒂安·瓦扬又将目光瞄准了植物的雌性生殖器官。他希望能够借此直接对错误的论断进行批判，一举击破约瑟夫·皮顿·德·杜尔科那及其追随者们一直小心翼翼维护的谬论。他的顶头上司安托万·德·朱西厄，不仅同样赞同约瑟夫·皮顿·德·杜尔科那的观点，而且还负责其著作《植物学概要》（*Éléments de botanique*）的重新编纂工作。所以塞巴斯蒂安·瓦扬是真正意义上的顶撞了领导和学术界的权威，现在看来，他要么是一个极其勇敢之人，要么就是一个极其鲁莽之人，抑或是两者兼备。

子房，也就是马尔切洛·马尔皮吉所说的“植物的子宫”，还被约瑟夫·皮顿·德·杜尔科那和他的信徒们起了很多名字，他们叫它“花蕊”也好，“花萼”也罢，总之都是错误的。它其实是植物的雌性生殖器官，其作用比我们想象的要重要得多……

塞巴斯蒂安·瓦扬也用生动的语言描述了植物

繁殖的过程，其中用到了很多夸张和拟人的手法，比如下面这一段文字描述的就是关于雌雄异株的花朵是如何繁殖的：

在繁殖的过程中，起初植物雄性生殖器官的变化并不十分明显，但随着雄蕊的膨大、成熟，突然间，花蕾上的萼片以迅雷不及掩耳之势快速打开，在这个时候，雄蕊便变身为最勇猛的战士，身负着传播花粉的重任。在某个瞬间，所有的花粉顷刻就被带向了四面八方，每一粒花粉都有可能让一个新的小生命诞生。经历了这一切之后，雄蕊感到如此的精疲力尽，最终坦然走向自己生命的尽头。

塞巴斯蒂安·瓦扬是最早使用“婚床”这个词来表示花朵萼片在繁衍中的角色的。卡尔·林奈十分仰慕塞巴斯蒂安·瓦扬，是他忠实的追随者之一，所以也用了“婚床”这个词和拟人的手法来描绘植物之间的爱情。但这些词语在当时往往被认为是污秽下流的，因而遭到了许多科学家的反感。

塞巴斯蒂安·瓦扬最大的贡献在于他确认了植物中存在着性，并且力求纠正人们对于植物的生殖器官的错误认识和看法。但是对于植物的认识，他有两点是错误的。首先，他相信植物和人类及动物的生殖方式一样，有一个真正的交配过程，在塞巴斯蒂安·瓦扬的描述中，他说得好像是自己亲眼见过这个场景一样，但可惜的是这只是他脑补出的画面。第二点，他也弄错了植物受精的原理，不过这在当时确实还是一个未解之谜。塞巴斯蒂安·瓦扬在《关于花的结构、差异及各部分用途的论述》中抨击了安东尼·范·列文虎克对精子的发现，他也批评了自己的同事杰弗里，只不过没有公开点出他的名字。塞巴斯蒂安·瓦扬不相信花粉可以直接穿透表面进入花柱，所以他更倾向于同意卵源论的观点，认为花粉可以给雌蕊中的卵带去一个“气”或者一个“不稳定的成分”，需要它才可以萌发出果实。

当安托万·德·朱西厄从西班牙回到法国的时候，听说了塞巴斯蒂安·瓦扬在给学生讲课时公然反对自己的事情，十分生气。更让他气愤的是那些听了课的学生，竟然认为这些是十分有用的新知识，要求塞巴斯蒂安·瓦扬再多上一些课，盖伊·柯乐桑·法贡还同意了学生们的请求。当时的植物学界无法接受塞巴斯蒂安·瓦扬对众多科学家如此言辞激烈的批评，塞巴斯蒂安·瓦扬在发表《关于花的结构、差异及各部分用途的论述》的前一年就已经进入了法国科学院，当他完成这部重要的作品时，法国科学院拒绝将其出版。塞巴斯蒂安·瓦扬只好把他的文章托付给他在荷兰莱顿大学的朋友们，赫尔曼·布尔哈夫和英国的植物学家威廉·谢拉尔（William Sherard）负责将这个作品分别用法语和拉丁语发表。不难想象，如果塞巴斯蒂安·瓦扬早些发表了《关于花的结构、差异及各部分用途的论述》的话，他很可能就无法进入法国科学院了。

在之后的几年里，塞巴斯蒂安·瓦扬继续在法国科学院的学术交流中批评约瑟夫·皮顿·德·杜尔科那，而安托万·德·朱西厄也依旧否认植物中性的存在。1721 年，塞巴斯蒂安·瓦扬写了一篇文章叫作《关于杜尔科那先生提出的植物分类法的思考》（*Remarques sur la méthode de M. Tournefort*）。在这篇文章中，他再一次狠狠地批评他的老师，没想到，这成为压死骆驼的最后一根稻草。法国科学院的成员们责令这个“叛乱分子”在今后的工作中再也不要中伤德高望重的约瑟夫·皮顿·德·杜尔科那。塞巴斯蒂安·瓦扬屈服了，但他从此不再和

巴黎植物园中开心果树前面的标牌

科学院的同僚们见面，他的健康也每况愈下，1722 年便离开了人世。给去世的科学家发表颂词是法国科学院的一个传统，但塞巴斯蒂安·瓦扬却并没有获得这种待遇，因为法国科学院并没有因为他的辞世就对他既往不咎，仍然将他视作内部的“敌人”。

如今三百年过去了，塞巴斯蒂安·瓦扬用作实验的那棵开心果树，依旧好好地生长在巴黎植物园。在它的旁边竖着一个小标牌，告诉参观者们这棵树曾经帮助塞巴斯蒂安·瓦扬证实了植物中确实存在着性。与他相比，R. J. 卡梅拉里乌斯和比他更早的科学家们的工作似乎很快就被大家所遗忘了，因为塞巴斯蒂安·瓦扬是第一个在法国真正为了真相而呐喊，不惜一切也要让人们认识到植物的性的人，但事实上他在这方面并没有什么真正的发现。我们一方面要致敬塞巴斯蒂安·瓦扬，他在其他科学家的阻挠下依旧坚持真理，另一方面也要感激真正发现这个真理的人——R. J. 卡梅拉里乌斯。

教会采取的新干预手段

塞巴斯蒂安·瓦扬的一系列著作不仅打击了他在法国科学院的同僚，尤其是约瑟夫·皮顿·德·杜尔科那的那些拥趸者，也深深地惹怒了教会。我们已经多次提到过，教会一直非常反对植物中存在性的说法，因为他们认为这是对宗教莫大的侮辱。为什么他们能够认同人类和动物都是有性的，唯独不能接受植物也有性呢？那些信仰宗教的科学家都写了文章来反驳植物中间存在着性，但奇怪的是，在他们的文章中，却并没有解释为什么他们如此反对提及植物的性。

想要知道教会的愤怒来自哪里，我们可以从一个基本的问题开始分析，就是植物的性是如何让人们对宗教本身产生了动摇和怀疑。首先，植物的性的存在与基督教经典《创世纪》中的一些描述相悖（见教会的应对措施一节中的《创世纪》节选）。如果《创世纪》里对于生命起源的描述都是错误的，这必将引起人们对于宗教的怀疑，将人们引向唯物论和无神论，这显然是教会所不愿意看到的。更糟糕的是，植物的性触及了宗教中最基本的教义之一：原罪。在偷食禁果之前，亚当和夏娃生活在伊甸园，伊甸园中长满了植物，尤其是长满果实的果树。当然在那里还有生命树和分辨善恶树，不管怎样，所有的植物都被认为是纯洁的，对于基督教来说，纯洁就是贞洁的近义词，也就是没有性的存在。上帝告诉他们园中所有树上结的果子都可以作为食物，唯独分辨善恶树上的例外，所以亚当和夏娃在吃了分辨善恶树上的禁果沾染原罪之前，是不懂得男女之爱的，他们并不会相互拥抱，更不会相拥而卧。而在蛇的诱惑下品尝了禁果之后，他们有了智慧，意识到自己是裸体的，也知道了男女有别，有了羞耻之心。一方面，他们偷吃的禁果被认为是原罪和人类一切其他罪恶的开端，另一方面，分辨善恶树也叫智慧树，所以这也是人类拥有一切智慧的源头。因此，与植物的性有关的科学研究和原罪密切相关，遭到了教会方面的抵制。对于虔诚的教徒们而言，如果亚当和夏娃没有违抗上帝的命令，没有屈服于他们的好奇心而偷吃禁果的话，就不会被逐出伊甸园，也不会有所有的罪恶了。这个原罪事件之后，人类不再生活在因为无知而幸福的环境中，人类本身和其面临的环境都发生了改变。若是承认了植物中本来就存在着性，那么就对原罪的起源都产生了冲击，禁果的故事不一定还能站得住脚。因为如果植物的繁殖本来就要通过性，那么就是说植物已经是被原罪沾染的，伊甸园里的植物还能算是纯洁的吗？亚当和夏娃又何必品尝禁果才懂得男女之事呢？承认植物的性既动摇了纯洁的伊甸园的存在，也动摇了原罪的来源。换句话说，如果伊甸园里的植物都有性的话，意味着在原罪出现以前就有性了，这会让人们对原罪是否存在、原罪是不是一切罪恶的源头都提出质疑，深深地动摇基督教的基础乃至整个学说。

另外，圣母马利亚是唯一没有被沾染原罪的人，我们在上一章看到了百合花就象征着马利亚的纯洁。如果百合花的纯洁性遭到了人们的质疑，那么基督耶稣的母亲圣母马利亚会不会也遭到人们的怀疑呢？在当时，光是提出这样的问题，就已经可以被视作是对宗教的侮辱了。

承认植物的性，对一直以来虔诚相信宗教教条的教徒们来说是一种侮辱，所以他们会不遗余力地将这种说法消灭。然而我们现在说的是十八世纪，在这个时期科学已经取得了一定的进步，而教会的势力相较于之前已经衰弱了许多。从中世纪起，教会的势力随着时间的推移而逐渐减弱，对于民众思想的控制也大不如前，所以他们在和科学家们的交锋中也更慎重一些了。

十八世纪上半叶，詹姆斯·布拉得利（James Bradley，1693 年—1762 年）以科学的手段证明了地球是绕着太阳转的，教会不得不承认这个事实，并且恢复了伽利略的名誉。当年伽利略提出支持日心说并发表相关研究的时候，一直被教会沉重地打击并被认为是异教徒。而关于植物的性，教会决定用相对科学的手段去打击那些“叛逆”的科学家，不是直接以教会的名义谴责或者惩罚那些捣乱的人，而是找到一个这方面的专家，在科学界和他们展开论战。教会找到的这个人就是意大利植物学家朱利奥·蓬泰代拉（Guilio Pontedera，1688 年—1757

右页图：《人类的堕落》（*La Chute et Lamentation*），雨果·凡·德·古斯，1470 年—1475 年

年）。他的《选集》（*Anthologia*）出版于1720年，就在塞巴斯蒂安·瓦扬发表《关于花的结构、差异及各部分用途的论述》的两年之后。朱利奥·蓬泰代拉也是一位备受尊敬的植物学家，他既是意大利植物园的园长，也是帕多瓦大学的教师，还是约瑟夫·皮顿·德·杜尔科那的学生，并且忠于他的理论。他写的《选集》看起来就像是为了完成教会给他的指派而赶紧完成的一个任务。不仅如此，上面还清清楚楚地写着这本书是获得最高权力机关的授权才出版的，而且里面没有任何违背天主教教义的内容。但朱利奥·蓬泰代拉也没有完全照搬约瑟夫·皮顿·德·杜尔科那的理论，他并不把花粉当作是一种排泄物，而是选择用另一种方式来说明植物是怎样不通过性就可以繁殖的，从而反驳那些坚持植物有性的科学家。朱利奥·蓬泰代拉称花粉并不是生殖器官，没有生殖的功能，但是具有营养的功能，对于胚胎的成长来说非常重要。花粉的汁液会慢慢移动到雄蕊那边，然后会被花药收集起来，将它们送至胚胎处。而且花粉的汁液并不会散播给其他的花朵，通俗地讲，就是只能让自身的胚胎长大。那么花粉在将其营养传递给花药之后，便成为了一个空壳，只得面临死亡了。虽然已经知道正确答案的我们一眼就可以看出来这是在胡说八道，但不得不说这个虚构出的论据还是很有水平的，在当时肯定迷惑了不少科学家。朱利奥·蓬泰代拉对于雌雄异株的植物是如何繁殖的却只字未提，他巧妙地回避了这个问题，并说自己知道一些植物虽说是雌性的，周围也并没有雄性的同种植物，却依旧能够结果。为了维护天主教会的尊严，朱利奥·蓬泰代拉不惜用他在植物学方面的博学来反驳真相，攻击那些维护真理的科学家。正因为他在植物学方面造诣颇深，既有威望，又知道如何振振有词地描述并且解释植物的不同器官，朱利奥·蓬泰代拉成为了十八世纪最伟大的植物学家和分类学家——卡尔·林奈最大的敌人。

关于植物的性的论战

卡尔·林奈本来和约瑟夫·皮顿·德·杜尔科那一样，是立志要成为教士的，但却最终作罢，因为他在瑞典韦克舍高中的老师们认为他并不具备担

卡尔·林奈（1707 年—1778 年）

CAROLI LINNÆI
EQUITIS DE STELLA POLARI,
ARCHIATRI REGII, MED. & BOTAN. PROFESS. UPSAL.; ACAD. UPSAL. HOLMENS. PETROPOL. BEROL. IMPER. LOND. MONSPEL. TOLOS. FLORENT. SOC.
SYSTEMA NATURÆ
PER
REGNA TRIA NATURÆ,
SECUNDUM
CLASSES, ORDINES, GENERA, SPECIES,
CUM
CHARACTERIBUS, DIFFERENTIIS, SYNONYMIS, LOCIS.
TOMUS I.
EDITIO DECIMA, REFORMATA.
Cum Privilegio S:æ R:æ M:tis Sveciæ.
HOLMIÆ,
IMPENSIS DIRECT. LAURENTII SALVII,
1758.

《自然系统》
第一版出版于 1735 年

任圣职的天赋。但是，他对于医学的好奇心引起了约翰·罗斯曼教授（Johan Rothman，1684 年—1763 年）的注意。教授收下他作为弟子，教他学习植物学的相关知识，包括约瑟夫·皮顿·德·杜尔科那的植物分类理论和塞巴斯蒂安·瓦扬发表的文章。虽然卡尔·林奈虔诚地相信天主教教义，赞同是上帝作为造物主创造了地球上所有的生物，但他却承认植物中的性，这其中当然有他老师的功劳，如果约翰·罗斯曼否认了这个事实的话，或许卡尔·林奈就会继续坚持教会的观点，植物学的历史可能会

右页图：格奥尔格·迪奥尼修斯·艾雷特（1708 年—1770 年）按照卡尔·林奈的植物分类方式所绘制的插图

Clarisſ: LINNÆI. M. D.
METHODUS plantarum SEXUALIS in SISTEMATE NATURÆ deſcripta

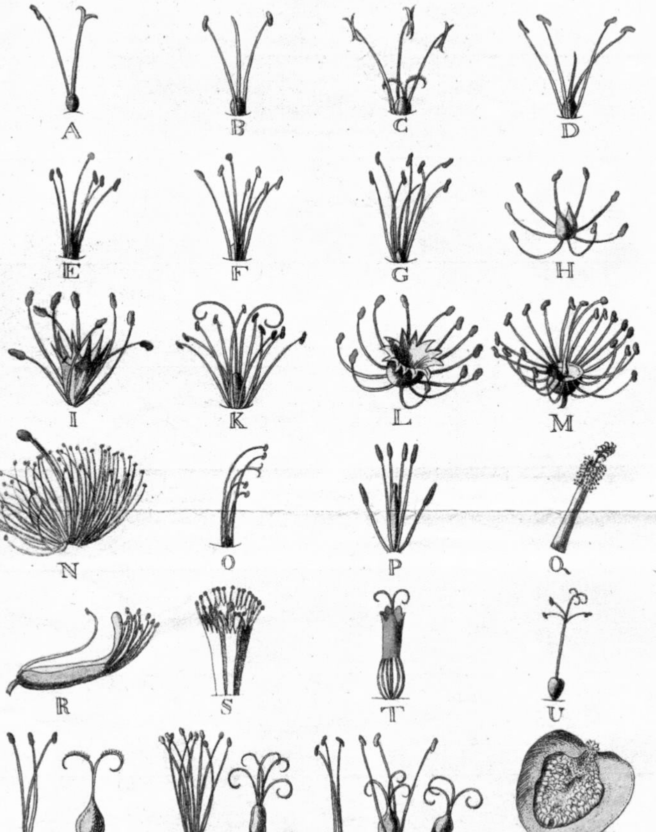

ugd. bat: 1736

G. D. EHRET. Palat=heidelb: fecit & edidit

Monandria
Diandria.
Triandria.
Tetrandria.
Pentandria
Hexandria.
Heptandria.
Octandria.
Enneandria.
Decandria
Dodecandria
Icoſandria
Polyandria
Didynamia
Tetradinamia
Monadelphia.
Diadelphia.
Polyadelphia.
Syngeneſia.
Gynandria.
Monoecia.
Dioecia.
Polygamia.
Cryptogamia

就此改变。高中毕业后，年轻的卡尔·林奈到乌普萨拉大学继续他的学业，并被当时的校长，瑞典植物学家奥洛夫·摄尔西乌斯（Olof Celsius，1670 年—1756 年）收入门下。校长非常看重卡尔·林奈，充分相信他的学习和研究能力。卡尔·林奈在他的毕业论文《植物婚配初论》（*Praeludia sponsaliarum plantarum*）中就探讨了植物是如何繁殖的，这也成为他后来职业生涯中研究的重大主题之一。

《医神埃斯科拉庇俄斯、花神芙洛拉和爱神丘比特对林奈的半身像表示崇敬》（*Esculape, Flore, Cérès et Cupidon, honorant le buste de Linné*）花神庙，罗伯特·桑顿，1807 年

《植物婚配初论》节选

植物的萼片对于繁殖来说没有任何实际的作用，仅仅可以作为婚床，伟大的造物主是如此仁慈，用这样美丽娇嫩的花瓣来作为植物繁衍的场所，这床单是如此珍贵、如此温柔，还有那宜人的芬芳，以至于年轻的新郎和他的新娘可以在最庄严的地方完成他们的婚礼。现在婚床已经准备好了，是时

候让新人们拥抱接吻互许终身了，这时候我们就能看见雄蕊张开，将背负着生殖功能的花粉落在花柱上，然后让子房受孕。

卡尔·林奈对于花朵的组织结构十分着迷，随着研究的深入，他逐渐放弃了约瑟夫·皮顿·德·杜尔科那的分类方式，转而建立了一套全新的植物分类系统——根据雄蕊的数量和位置来分类。卡尔·林奈居住在荷兰的莱顿，在那里他也获得了赫尔曼·布尔哈夫的帮助，就像之前的塞巴斯蒂安·瓦扬一样。赫尔曼·布尔哈夫帮助卡尔·林奈发表了一系列著作，包括1735年第一次出版的《自然系统》（*Systema Natura*）——他最重要的作品之一。在这部巨著中，卡尔·林奈介绍了他对整个植物系统的分类方式，分类标准虽然是卡尔·林奈人为确定的，这项重大研究成果还是立刻获得了众多植物学家的认可，而且《自然系统》的成

玉兰花
乔治·狄俄尼索斯·埃雷特
约1737年

功也没有随着时间的推移就被人们所淡忘。然而《自然系统》中提出的秩序是建立在承认植物的性的基础上的，这也给他带来了许多言辞激烈的非议。和塞巴斯蒂安·瓦扬一样，卡尔·林奈运用了大量比喻和拟人的手法，将人类和植物的性做了许多对比，他也相信植物和人类一样，在繁殖的过程中雄性和雌性生殖器官有真正的交配过程。他还提到了所有“显花植物”的婚姻是肉眼可见的，而“隐花植物”的婚姻是相对隐蔽的。雌雄同株的植物中许多都是雌雄同花的，对这些植物来说，丈夫和妻子分享着一张床，而对那些雌雄异株的植物来说，丈夫和妻子则是分床睡的。

在《植物哲学》（*Philosophia Botanica*，1751年）一书中，他这样将植物的生殖器官与哺乳动物的进行比较：

所以说花朵的萼片就是它们的婚床，花冠就像是窗帘，花丝就如同精索，花药就如同睾丸，花粉就如同精子，柱头就如同阴户，花柱就如同阴道，胚芽就如同卵巢，包裹着种子的种皮就如同受孕后的卵巢，种子就如同受精卵。

这些文字在当时已经足够裸露，不出意外地激起了学术界和教会方面的反感。英国的医生威廉·斯米利（William Smellie，1740 年—1795 年）是 1771 年出版的第一版《大英百科全书》的主编，他在《大英百科全书》用了一大段话来反驳植物有性的观点，并且把卡尔·林奈的文字视为低俗色情。他指责卡尔·林奈将人类的性和植物联系起来非常有失体面，而且让人感到气愤，说他的隐喻比那些传奇小说里最淫秽的描述还要粗俗不雅。植物学家和医生威廉·威灵宁（William Withering，1741 年—1799 年）因为发现了毛地黄中的活性成分而闻名于世，他也拒绝承认卡尔·林奈对植物的分类方式，他认为卡尔·林奈的研究对于那些想要学习植物学的女士来说十分不友好。在当时，否认卡尔·林奈的研究的科学家大有人在，比如法国的布丰伯爵——乔治－路易·勒克莱尔（Georges-Louis Leclerc de Buffon，1707 年—1788 年），当他得知路易十五采纳了卡尔·林奈对植物的分类方法时一定失望透顶。还有瑞士的阿尔布雷希特·冯·哈勒（Albrecht von Haller，1708 年—1777 年），尽管他和卡尔·林奈曾来往密切，但他也拒绝使用这种分类方法。与此相反的是，这种分类系统在英国大受约翰·雷的拥护者们的欢迎，比如剑桥大学的教授托马斯·马廷（Thomas Martyn，1735 年—1825 年）。

卡尔·林奈再次激起了教会的愤怒。“植物具有生殖器官”的说法让英国神甫塞缪尔·古迪纳夫（Samuel Goodenough，1743 年—1827 年）感到无比惊讶，他在一封信中写道：“没有什么比卡尔·林奈的文字更加俗不可耐，更加淫秽放荡。” 圣彼得堡大学的约翰·西格斯贝克（Johann Siegesbeck，1686 年—1755 年）也尖酸刻薄地批评了他的昔日好友卡尔·林奈。两人原本关系甚密，经常相互通信，而这段友谊在约翰·西格斯贝克读了《自然系统》之后就戛然而止了。约翰·西格斯贝克随后发表了一系列论文驳斥植物有性的观点，比如于 1737 年出版的《高级植物简要概论》（*Botanosophiae verioris brevis sciagraphia*）。他的观点和宗教一直所坚持的理论如出一辙，并且依旧以《创世纪》等宗教故事作为理论依据，认为地球上的一切植物都是由上帝创造的，并不存在什么通过性来结果、繁殖的道理，一切都是与性无关的。他用来反驳的理由都是早已过时的陈旧理论，并没有什么说服力，不过约翰·西格斯贝克在书中也添加了一些其他的科学依据，他认为植物并不需要性来繁殖，因为它们有特殊的生殖方式。鉴于在那个时代，人们已经对植物学的知识有了相当的了解，约翰·西格斯贝克的理论可以说是完全站不住脚了，他却始终坚信造物主绝不会容许性来玷污纯洁的植物界：

“这世上又有谁会相信风信子、百合和洋葱竟然会通过性来繁殖呢？”约翰·西格斯贝克写道，“我们又如何向年轻的学生们介绍，植物竟然是以这样淫秽的方式来繁衍后代的呢？难道真的会有人相信菊科植物的头状花序是一个被已婚男人玷污了的女子的床（指花瓣）围绕着他贞洁妻子的床组成的圆环吗？简直荒谬！”

虽然卡尔·林奈本人十分敏感，但他还是选择尽量无视这些批评和打击。约翰·西格斯贝克在瑞典非常受尊敬，他的斥责给卡尔·林奈招来了很多的麻烦。但是与此同时，卡尔·林奈也有很多支持者，包括在教会内部，这些朋友帮助他挡住了一些来自外部的压力和反对者的中伤。为了证明植物的性，瑞典主教和植物学家约翰内斯·布罗瓦丝（Johannes Browall，1707 年—1755 年）不仅列举了许多科学依据，还反驳了约翰·西格斯贝克一直坚持的植物必须纯洁的观念。他说："到底是怎样邪恶又怪异的思想才能如此抗拒植物中性的存在，这与是否信教并无关联！"卡尔·林奈的另一位朋友，德国植物学家约翰·哥提利布·格莱底士（Johann Gottlieb Gleditsch，1714 年—1786 年），也投身到了关于植物是否有性的论战中。约翰·哥提利布·格莱底士也是特雷布尼茨博物馆的馆长，他一点一点地揭示了约翰·西格斯贝克理论中的破绽和谬误，而约翰·西格斯贝克在其之后出版的论文中又予以了反击。由此可见，虽然已经有了确凿的证据，植物的性仍旧是植物学家们激烈探讨的一个主题。植物学界也因为这个分歧，分成了赞成派和反对派。尽管反对的声音仍然很大，但是承认植物的性，已经成为了科学界不可逆转的趋势。

至此，还有一个未解之谜一直困扰着科学家们。他们相信花粉对于繁殖起到了重要作用，可花粉是如何起作用的？受精的过程又是如何发生的呢？卡尔·林奈对塞巴斯蒂安·瓦扬的观点深信不疑，他也认为花粉就是塞巴斯蒂安·瓦扬所说的“气”或者“呼吸”。而一些进化论者则开始质疑，植物的繁殖方式难道真的是一成不变的吗？不管怎样，卡尔·林奈已经为植物研究的进步做出了巨大的贡献，而他的继任者们将从他的手上接过接力棒，继续扬帆起航探索植物的性的奥秘。

第五章

现代：解开传粉的秘密

德国植物学家约瑟夫·格特利·克尔路德（Joseph Gottlieb Kölreuter， 1733 年—1806 年）的众多研究成果使人类对植物繁殖的认知有了跨越式的前进，但在当时这些成果并没能引起植物学界的重视。年轻的约瑟夫·格特利·克尔路德就读于德国蒂宾根大学的医学院，很显然，他的研究方向受到了老师约翰·乔治·格梅林（Johann Georg Gmelin，1709 年—1755 年）的影响。约翰·乔治·格梅林在 1749 年重新出版了 R. J. 卡梅拉里乌斯的著作，但同时期的

左页图：秋海棠，花神庙，罗伯特·桑顿，1807 年

科学家们似乎对于这个主题并不感兴趣，约瑟夫·格特利·克尔路德成为了当时唯一一个对植物的繁殖有如此深入而详细研究的科学家。约瑟夫·格特利·克尔路德是第一个发现植物可以通过昆虫来传粉的人，而苏格兰植物学家、切尔西药用植物园的首席园丁菲利普·米勒（Philip Miller，1691 年—1771 年）则是第一个对于昆虫传粉这种现象做出具体描述的人。1751 年的时候，菲利普·米勒用郁金香重新做了 R. J. 卡梅拉里乌斯的实验。他剪掉一株郁金香的雄蕊，然后发现如果有蜜蜂将别的植株的花粉传到这株郁金香的花柱上，那么它仍是可以结果的，这就证明了花粉在孕育新生命中起到了十分重要的作用，但可惜的是他并没有继续深入研究植物和昆虫之间的关系。约瑟夫·格特利·克尔路德对 R. J. 卡梅拉里乌斯的研究也很感兴趣，他在 1752 年出版了一部合集，书中涵盖了各种关于植物的性的科学研究，其中 R. J. 卡梅拉里乌斯的实验就占到了很大一部分。

约瑟夫·格特利·克尔路德是一位非常有才华的科学家，他不仅观察细致，动手能力也很强。在关于虫媒植物的研究中，他观察到很多去采花蜜的昆虫身上都会裹满花粉，而当它们停留在另一朵花上时，之前那朵花的花粉便会落在这朵花上了。约瑟夫·格特利·克尔路德做的第一个实验是考察昆虫这个变量。他自己把花粉撒在柱头上，并且不让花朵再接触到任何昆虫，通过实验他注意到在这种情况下，有一部分植物是无法繁殖的。约瑟夫·格特利·克尔路德在实验中用到的大多是锦葵、鸢尾、葫芦、接骨木、金鱼草这些通过胡蜂、大黄蜂、苍蝇和缨翅目昆虫来传粉的植物。他通过对大量植物的耐心观察和实验，对于昆虫和花朵之间的依赖关系有了十分深入的了解。约瑟夫·格特利·克尔路德明确指出植物通过甜美的花蜜来吸引昆虫为自己传粉，并且第一次描述了在吸引昆虫的过程中，花朵的结构和形态是如何发生变化以便于传粉。约瑟夫·格特利·克尔路德也发现从某种角度上说，植物和昆虫之间的依存关系是有利于不同物种之间的杂交的，而在此之前，他本人并不认为自然界中的植物存在着杂交的现象。十八世纪的自然学家们普遍都是固定论者，他们认为自然界中的所有生物从被创造出来的那一天起便遵循着自然规律繁衍生息，不会发生任何变化，而不同的物种之间存在着严格的界限以避免杂交情况的发生。约瑟夫·格特利·克尔路德并没有因为自己先入为主的观点就否认这个假设，而是试图让两种不同的烟草进行杂交，以通过实验对其进行验证。让他感到非常意外的是这个实验竟然真的成功了！雌蕊竟然能够接受来自不同烟草品种的花粉，产生了种子，而且种出了新的杂交烟草。于是他又想到，既然植物之间可以如此容易地进行杂交，为什么在自然界中我们却并没有看到许多杂交产生的新物种呢？约瑟夫·格特利·克尔路德很快找到了答案，因为杂交出的植物是没办

约瑟夫·格特利·克尔路德
（1733年—1806年）

黄花烟

法再继续繁殖的。他认为这是一个支持固定论的有效论据，因为杂交的物种并不能够在自然界中繁衍生存，所以一切都是由上帝创造的。另一方面，杂交实验的成功也让他相信了植物是有性的，在此之后他又做了另一个实验，将不同植物的花粉撒在同一株植株的花柱上，他发现在这种情况下，植物会拒绝那些和自己不同品种植物的花粉，而选择和自己同品种植物的花粉进行繁殖。通过这个实验，约瑟夫·格特利·克尔路德第一次证实了异花授粉。不仅如此，他还观察到植物如何通过雌雄蕊异熟的方式来避免自花授粉现象的发生，也就是我们所说的自花不孕性。同一植株的雄性和雌性生殖器官成熟的时间是不一样的，雄蕊会先行成熟，而当雌蕊已经准备好接受花粉的时候，雄蕊已经凋谢了。

约瑟夫·格特利·克尔路德还试图解决一个在当时没有人能够解答的问题：花朵的受精到底是如何发生的？关于受精发生的场所，他猜想雄性和雌性的结合应该是在花柱中发生的，因为当时他还并不知道花粉管的作用，直到1823年人们才发现了这个结构。而对于受精的主体，他富有创造性地提出雄性和雌性因素（花粉和雌蕊）对于胚胎的形成具有同等重要性，这就同时与精源论（在植物的范畴或许应该叫作花粉源论）和卵源论的支持者们都划清了界限。这位不知疲倦的科学家用 138 个物种的植物做了 500 多个杂交实验，并且详细记录了一千多种花粉的形状、颜色和大小。他的耐心和细心都值得人们尊敬。尽管约瑟夫·格特利·克尔路德做了如此多的研究，获得了如此多的成果，却并没有获得同时期的科学家们的关注，直到今天，他在科学界的名声也远远比不上他对植物学研究的贡献。和许多科学家一样，约瑟夫·格特利·克尔路德的研究虽然在当时未能引起人们足够的重视，却为人类历史上的一些重大发现铺平了道路。比如孟德尔（Gregor Mendel，1822 年—1884 年）和查尔斯·达尔文（Charles Darwin，1809 年—1882 年）两位重量级的科学家都从他的研究中获得了灵感，分别提出了著名的遗传学和进化论。

和约瑟夫·格特利·克尔路德同时期的另一位科学家也对花粉的研究做出了重要的贡献，他就是克里斯蒂安·康拉德·斯普壬格（Christian Konrad Sprengel，1750 年—1816 年）。这位来自德国的路德会牧师将植物学作为自己的爱好，从 1787 年起全身心都投入到这方面的研究中，观察了500种以上的花朵的形态。克里斯蒂安·康拉德·斯普壬格尤其注意到了花朵的形态特征与传粉之间的联系，比如用颜色鲜艳的花瓣和芳香的气味吸引昆虫，在花朵上甚至有指示路径来帮助昆虫找到花蜜，等等。

《大自然的秘密》插图，克里斯蒂安·康拉德·斯普壬格著，1793年

在他 1793 年出版的专著《大自然的秘密》（*Les secrets de la nature*）中，他也写到了那些风媒花是如何适应这种传粉方式的。同时，这位科学家提到了约瑟夫·格特利·克尔路德的研究，确认了多种昆虫都可以为花朵传粉，虽然某些虫媒花的传粉只能由某一种特定的昆虫完成。克里斯蒂安·康拉德·斯普壬格还描述了花朵和自己的传粉者在形态上存在一定的相似性，需要花朵和昆虫双方之间完美地配合，才能顺利完成传粉的任务。与此同时，他也进一步证实了约瑟夫·格特利·克尔路德发现的异花授粉和自花不孕的现象。可惜的是，这两位科学家的研究在当时的植物学界显得太过超前，因此未能获得广泛的理解和关注。在那个时代，人们对于植物的性是如此的不关注，以至于克里斯蒂安·康拉德·斯普壬格的编辑甚至拒绝发表他后续的研究成果。

花粉管的发现

1823 年意大利植物学家和数学家乔瓦尼·巴提斯塔·阿米奇（Giovanni Battista Amici，1786 年—

1863年）把一些花粉放在了马齿苋的柱头上，观察到了花粉管的发育，在那时还没有花粉管这个词，它被科学家们叫作“软管”。乔瓦尼·巴提斯塔·阿米奇写道：“突然，花粉粒裂开了，（在花柱里）长出了一个像透明的软管一样的东西。”他随后又用其他的植物做了同样的实验，甚至观察到了花粉管是如何进入胚珠的。至此，这个困扰了植物学界一百多年的问题终于得到了解答，正是花粉管将花粉携带的精子运送至卵器内，以保证受精顺利完成的。

法国植物学家阿道夫·泰奥多尔·布龙尼亚（Adolphe-Théodore Brongniart，1801年—1876年）也做了相同的试验，证实了乔瓦尼·巴提斯塔·阿米奇的发现。他在大部分的显花植物中都观察到了花粉管这个结构，并称它“穿过海绵状柱头中间的缝隙，深入花柱，一切迹象都表明它的作用就是输送花粉粒中的物质”。

罗伯特·布朗（Robert Brown，1773年—1858年）是一位苏格兰的植物学家，他于1831年彻底揭开了花粉管的神秘面纱。他不仅用语言生动地描述了当花粉管萌发时花柱和柱头会出现哪些变化，找到了花粉管进入胚珠的入口——珠孔，也观察到了胚胎

Dodel-Port. Atlas.

Fig. 1. 1150/1

Fig. 2

B 36/1

C 36/1

D 36/1

E 36/1

Fig. 3. 36/1

G

Fig. 4 1100/1

Fig. 5.

Fig. 6. 350/1

Arnold Dodel-Port ad nat del. (Juli-August [illegible])

Lilium Martagon. L. Fol: B.

J. F. Schreiber. Esslingen. Impr.

乔瓦尼·巴提斯塔·阿米奇
（1786 年—1863 年）

罗伯特·布朗
（1773 年—1858 年）

是如何在胚囊中发育的。与此同时，科学界也逐渐承认了动物的受精是通过精子和卵子的结合实现的。于是，几乎是在同一时间，动物和植物的生殖之谜被同时揭开，人们发现动物和植物的繁殖方式有着异曲同工之妙。

另一方面，关于隐花植物的研究也在继续。约瑟夫·格特利·克尔路德的发现让科学家们开始思考隐花植物是否同样存在类似的生殖阶段。被誉为

左页图：欧洲百合的花粉粒在花柱中萌发出花粉管

苔藓植物之父的德国医生、植物学家约翰·赫德维希（Johann Hedwig，1730年—1799年）第一次观察到了游动精子，并发现了精子器的雄性生殖功能和颈卵器的雌性生殖功能。当时的科学界对于游动精子还有一些争论，既然它们是可以活动的，那么它们是动物吗？或者是由植物变成动物的一个转变方式？弗朗兹·昂格尔医生（Franz Unger，1800年—1870年）于1834年发现游动精子其实是苔藓植物的雄性生殖细胞，相当于动物的精子。十年之后，卡尔·内格里（Carl Nägel，1817年—1891年）在蕨类植物中也观察到了游动精子。

所有的这些发现都让人们对植物的繁殖重新燃起了兴趣。虽然那时科学家大都还在为精源论和卵源论孰是孰非而争论不休，他们双方各执一词，都认为自己解开了胚胎形成的秘密。这场论战波及如此之广，以至于在植物界，人们也在探讨究竟是花粉重要还是子房重要？

而不久之后，马蒂亚斯·雅各布·施莱登（Matthias Jakob Schleiden，1804年—1881年）提出了一个颠覆所有人想象的理论。这位德国的植物学家因和泰奥多尔·施旺（Theodor Schwann，1810年—1882年）

共同提出了细胞学说而闻名于世，该学说认为所有的生物都是完全由细胞构成的，而且细胞可以通过分裂的方式产生新的细胞。在阿米奇 1837 至 1838 年研究成果的基础上，马蒂亚斯·雅各布·施莱登提出了一个新的理论，他认为人们一直以来都把植物的雄性和雌性生殖器官弄反了，它们的角色其实应当颠倒过来。马蒂亚斯·雅各布·施莱登坚定地认为在植物的生殖中，花粉占据着绝对主导的地位，就类似于动物的卵子。花粉在花粉管中孕育出胚胎，每一粒花粉都可以让一个新生命诞生，所以胚囊才是雄性的，而花药属于雌性生殖器官。

阿米奇和雨果·冯·莫尔（Hugo von Mohl，1805 年—1872 年）分别观察到种子是由胚珠中的卵细胞受精后发育形成的，这个发现给了那些坚持植物的雏形存在于花粉之中的科学家以沉重一击。当然，在当时也还没有一个专门的术语来对应胚珠中的卵细胞这个概念，直到十九世纪末人们才给了它确切的称呼。胚珠中的卵细胞（在生殖中的作用与动物的卵子相对应）在受粉之前一直都待在胚珠里。1848 年，波兰植物学家迈克尔·杰罗姆·莱兹斯科－苏明斯基（Michael Jérôme Leszczyc-Sumiński，1820

年—1898 年）描绘了游动精子是如何进入颈卵器，形成一个胚胎，进而长成一棵新的植株的。至此，隐花植物繁殖方式的神秘面纱也彻底被揭开了。

植物学家们的杰出成就

十九世纪下半叶，植物学的发展取得了巨大的进步。备受瞩目的大科学家达尔文在其他科学家大量研究成果的基础上，又进行了大量的观察和采集，提出了进化论及自然选择学说。

达尔文从宏观上观察各个生物物种的变化过程，发现随着时间的流逝，它们保留下了部分差异和变化，而另一些则消失了，于是他推断生物的变异是自然选择过程中的一个关键。达尔文在剑桥大学的植物学老师，约翰·史蒂文斯·亨斯洛（John Stevens

查尔斯·达尔文（1809 年—1882 年）

Henslow，1795年—1861年）曾告诉他雌雄同株的植物都是自花授粉的，当时所有的科学家都赞同这个观点。但如果真的是这样，同一个物种的植物不同植株之间怎么会产生如此多的变化呢？自花授粉的结果就是所有的后代都会和它们的祖先一模一样。这时候，达尔文的同事罗伯特·布朗让他去读一读克里斯蒂安·康拉德·斯普壬格关于昆虫为花朵传粉的研究和约瑟夫·格特利·克尔路德关于杂交的实验结果。达尔文果然从中获得了灵感，他开始研究植物和昆虫之间的关系，这一次，他发现自己的直觉是正确的。大自然确实是鼓励异体受精，而且排斥自体受精的。克里斯蒂安·康拉德·斯普壬格早就注意到了这个现象，但他却并没有找到其背后的原因，多年后，达尔文给出了答案。因为异体受精不仅可以使后代的数量更多，还可以保证它们之间的差异性更大。在这些后代中，越适应自然环境的，存活的概率就越大，它们所具备的特征也越容易传递给它们的后代，让物种更好地延续下去。

达尔文再次提出了一个最基本的问题，为什么植物要将花朵作为自己的生殖器官呢？要知道形成这样一个精妙复杂的结构，一定需要耗费植物非常多的能量。他将自己对显花植物的这种不解称作是一个“可恶之谜”，并且花了大量的精力去研究。1859 年，达尔文最重要的作品——《物种起源》（*L'origine des espèces*）问世之后，他将余下的生命都献给了植物学的研究，出版了至少六本著作和七十余篇文章。达尔文在年幼时对植物就非常感兴趣，他幸福的童年是在他母亲的花园、果园和热带温室里度过的，可惜的是他母亲在达尔文年仅八岁的时候就过世了。《物种起源》的出版给达尔文带来了许多言辞激烈的指责，他也常用自己植物学上的研究成果来进行反击。虽然达尔文很少被当作是植物学家，但毫无疑问，他在植物方面的研究完全可以作为进化论的有力论据。

《童年的查尔斯·达尔文》（*Charles Darwin enfant*），埃伦·沙普尔斯，1816 年

克里斯蒂安·康拉德·斯普壬格曾经提到过植物和昆虫的形态之间存在着一些

巧妙的关联。也就是说，他已经承认了花朵的形态，比如鲜艳的颜色、芬芳的香气和甜美的花蜜，都是和吸引昆虫来为自己传粉的目的相关的，但这位科学家却仍旧固执地将所有的植物都看作是上帝这个造物主的作品。在克里斯蒂安·康拉德·斯普壬格之后，达尔文是第一个重新开始研究植物的形态与昆虫之间的关系的科学家。有了进化论作为理论支撑，他马上明白了这些花朵的特征都是为了吸引昆虫落到自己身上，并让它们在再次起程之前粘满花粉，这样当昆虫们飞向另一朵花时，就能够带去第一朵花的花粉了，这是大自然为了保证异花授粉的成功而设计出的妙计。达尔文重点选择了兰花作为他的研究对象，并做了大量相关实验，关于这部分研究成果还有一部专门的法语著作——《从兰花经由昆虫传粉看异体受精的好处》（*De la fécondation des orchidées par les insectes et du bon résultat du croisement*，1870年）。

下面就是这部作品前言部分的节选，在这里我们可以看到达尔文是如何坚定维护进化论的观点的：

这个研究的作用有两点。首先，我想让大家知道兰花为了受粉而采取的手段，与动物界最美丽的构造相比都毫不逊色；其次，这样精妙的结构正是为了让每一朵花都能获得来自另一朵花的花粉。在我的作品《物种起源》中，我只给出了一些宽泛的理由来支撑我的观点——我认为大自然中的一切都是井井有条的，大概就是一切生物都要遵循大自然的绝对法则。这个法则就是要求自然界中每个物种的每个个体，都要偶然地和另一个个体相遇，换句话说，也就是一株雌雄同株的植物，是绝对不会一直通过自体受精来孕育后代的。有些人指责我，说我的理论没有足够的证据，所以没有任何传播的价值。于是，我想通过这本书告诉他们，我并不是在没有研究具体事例的情况下就贸然提出了一个宏观的概念。

达尔文也想通过报春花的异花柱花，来证明他所说的植物的形态就已经表明了自然界是鼓励异体受精的（见第一章）。异花柱花的现象就是同一种植物的花朵形态可能不同，比如一些花朵拥有长花柱和短雄蕊，而另外一些拥有短花柱和长雄蕊。达尔文认为这就可以作为异花受精的证据，因为植物

蜂兰

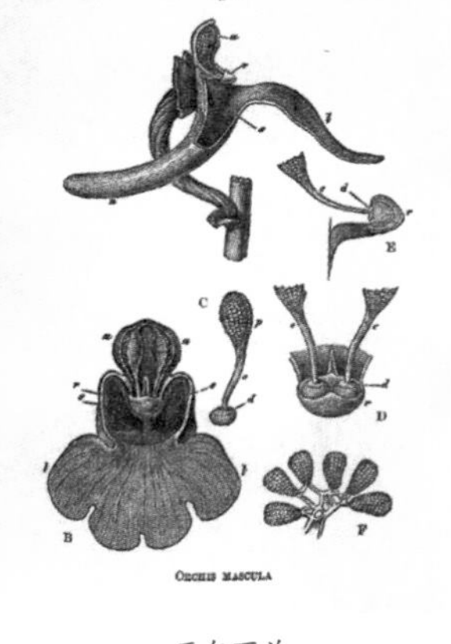

亚尔丁兰

《从兰花经由昆虫传粉看异体受精的好处》插图，查尔斯・达尔文

通过生殖器官的不同构造，将同一物种分成了几个类别，如此煞费苦心就是为了避免自花受精。

在达尔文的研究不断取得新进展的同时，植物学界关于繁殖的研究也在不断进步。1858 年，德国植物学家那坦・普林斯海姆（Natan Pringsheim，1823 年—1894 年）在两种淡水藻类中都观察到了游动精子和卵的结合。让人惊讶的是，仅在短短的十多年以后，德国动物学家奥斯卡・赫特维希就在海胆中观察到了同样的现象。植物和动物界的研究再次同步了。关于植物受精过程最早的描述来自爱德华·施特拉斯伯格（Eduard Strasburger，1844年—1912年）对云杉的观察，他发现了两个雄性游动精子中的一个经过花粉管和胚珠中的卵细胞（另一个便失败了）结合的情况，也是第一个用科学术语来定义胚珠的卵细胞的人。

至此，关于被子植物繁殖方式的所有秘密基本上都已经被人类发现了，除了最后一个就是双受精现象。众所周知，裸子植物的第二个雄配子会直接消失，而被子植物的第二个雄配子的身世之谜，终于先后在1898年和1899年，分别被俄罗斯植物学家谢尔盖·加夫里洛维奇·纳瓦申（Sergei Gavrilovich Navashin，1857年—1930年）和法国药剂师莱昂·吉格纳特（Léon Guignard，1852年—1928年）解开了。他们观察了头巾百合的受精过程，证实两个游动精子都进入了子房中的胚囊。毫无疑问的是第一个精子会和卵细胞结合，而第二个精子则与中央细胞的两个极核融合了。莱昂·吉格纳特也证明了第二个精子与两个极核融合之后发育成为

右页图：头巾百合

VI, 1. 29. Liliaceae.
1
2
3
4
5
6
A
B
118. Lilium Martagon L.
Türkenbund-Lilie.

胚乳，为胚的发育提供营养，保护种子。

与此同时，科学家们也在继续关于植物杂交的试验，天主教圣职人员及园艺学家孟德尔以此为基础在 1865 年提出了遗传法则，从而奠定了遗传学的基础。

右页图：泰姬陵内的花朵壁画，印度，十七世纪

第六章

从西方走向世界

现在，让我们走出西方文化放眼世界。显然，其他文化中的人们对于植物的研究和认识是几天几夜也说不完的。所以这一章的目的，并不在于以百科全书的方式来介绍这样一个宏大又宽泛的主题，而是通过个别有代表性的具体事例，将不同文化中人们看待植物的方式进行比较。而且，一旦我们将视野打开，便会更加明显地感受到欧洲宗教和文化上的成见，是如何在一段漫长的时期里，一直蒙蔽了人们想要追求真相的双眼。一些显而易见的真理长期不被欧洲的科学家们所承认，却在几千年前就已经被其他的文化所接受了。我们将依次走进阿拉伯世界、伊斯兰文化、古印度和古代中国，看看那里的人们是如何看待植物的。

阿拉伯世界的植物

中世纪阿拉伯－穆斯林世界的学者们博采众长，在九世纪至十三世纪也就是整个伊斯兰黄金时代，他们掌握了古希腊、古罗马、古波斯、古巴比伦、古印度的大量文献资料。在自然科学方面，亚里士多德的作品大受欢迎，但却并没有发现泰奥弗拉斯托斯的相关研究。一部叫作《植物》（*De plantis*）的著作也是阿拉伯学者们的重要研究对象。人们曾经以为这是亚里士多德的作品，后来发现它为公元前一世纪的尼古拉·德·达马斯（Nicolas de Damas）所著，不过很有可能是他根据另一部早已失传的亚里士多德关于植物的书写成的。迪奥科里斯（Dioscoride）的《论药物》（*De materia medica*）在当时也很受欢迎，书中涵盖了古罗马几乎所有重要的关于植物药用价值的知识。既讲到了如何用植物作为治病的药材，也研究了植物的发育过程，从浆液的循环到花朵和果实的生长，还提到了植物的繁殖方式，比如种子和扦插。

《论药物》阿拉伯语版，迪奥科里斯，1224 年

许多生活在三世纪的阿拉伯植物学家的作品早已失传，但他们的文字却被艾布·哈尼法·迪纳瓦里（Abu Hanifa Dinawari，828 年—896 年），又称艾尔－迪纳瓦里（Al-Dinawari）大量引用。这位古波斯学者曾经在穆斯林统治的西班牙生活过，他被誉为阿拉伯植物学之父。他的著作《植物学》（*Kitab al-Natab*）是阿拉伯世界的第一本植物学相关著作。和古希腊的学者以及他同时期的科学家们一样，艾尔－迪纳瓦里也是一位博学家。他不仅研究自然科学，也精通物理、天文、地理、数学。研究过其作品的历史学家们称艾尔－迪纳瓦里和他的追随者们对于植物的性有着正确的观察和独到的见解，并且承认植物分为雄性和雌性。和古代欧洲一样，枣椰

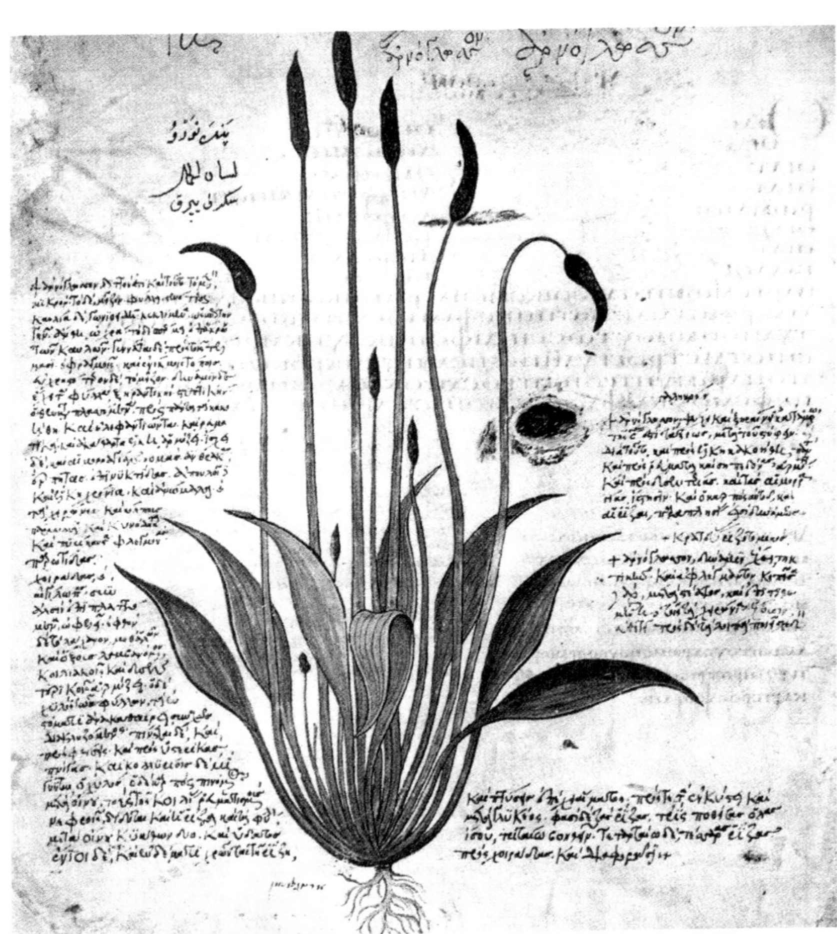

车前草的插图，来自《论药物》现存最早的版本——六世纪的维也纳抄本（*Vienna Dioscorides*），图片中的文字介绍了车前草是一种收敛药，可用于止血，可缓解腹泻、炎症，也可敷在溃疡、蚊虫叮咬、伤口溃烂处

树也是阿拉伯世界的学者们了解植物繁殖方式的突破口。然而不同的是，欧洲的科学家们为了坚持宗教关于世界的起源和性的错误观念，而逐渐背离了亚里士多德和泰奥弗拉斯托斯探索自然的初衷，阿拉伯的学者们却没有这样的思想包袱，他们致力于观察原原本本的自然，然后将其如实描述出来。所以对他们来说，既然已经观察到了雄花和雌花（比如在大麻这种植物上），承认植物的性就是一件再正常不过的事情。

中世纪的穆斯林博学家伊本·巴哲（Ibn Bâjja，1085 年—1138 年）是亚里士多德的反对者之一，在欧洲，大家用他的拉丁名——阿芬帕斯（Avempace）来称呼他。伊本·巴哲在某些方面的观点和亚里士多德截然不同，比如植物的性。他写了一本书叫作《植物之书》（*Livre des plantes*），书中探讨了枣椰树和无花果树的繁殖方式，提出在植物中存在着需要通过性来繁殖的情况，遗憾的是，伊本·巴哲没有在这方面花费太多笔墨，也没有思考得更加深入。

右页图：花瓶，叙利亚，十六世纪末

关于植物的象征意义，从伊斯兰文化的起源开始，人们就把花园和天堂联系在了一起。《古兰经》中说，天堂里都是花朵、水果和美丽的女孩儿。但这些追求感官享受的描述遭到了早期神学家们的批评。他们和早期的基督教徒一样，试图赋予花朵某些特定的宗教含义，例如在基督教中象征着圣母马利亚和耶稣的玫瑰，在伊斯兰教中则代表着他们的先知，比如摩西、亚伯拉罕和所罗门。

在宗教之外的场合中，人们对于花朵的运用持有两种截然不同的态度。一方面，花卉在诗歌和文学中十分常见，在日常装饰中的运用也十分广泛，但却从未出现在祭祀之中。伊斯兰教中，在祭祀的时候是要避免代表生命、活力的东西，因为人们认为这是一种狂妄的做法，是想要和创造宇宙万物的真主相提并论。这个禁忌从某种程度上限制了花朵的运用，但抽象、简洁且没有任何象征意义的花朵图案仍然非常常见，它们只是起到装饰的作用。另一方面，伊斯兰文化中的庭院也与性有一定的关联，因为主人的妻妾们往往住在这里，楼阁上会装饰一

右页图：手持荷花的毗湿奴，约 1750 年

些以爱情为主题的绘画，比如爱人们在长满花朵的花园中嬉戏。

古印度

古印度对于植物最早的描述来自《吠陀》，这是关于古印度文化最早的记载和文献材料，其中历史最久的文字可以追溯到公元前十五世纪。在梵语中，“吠陀”表示的是知识的意思。在其中重要的一部作品《梨俱吠陀》（*Rigveda*）中，专门有一章来讲述植物的分类。另一些古代吠陀文的文献，比如阿育吠陀医学的经典著作之一《遮罗迦集》

雕刻在大理石上的花朵，泰姬陵，印度，十七世纪

《牧童歌》（*Gita Govinda*）插图，约 1780 年

（*Charaka Samhita*）也提到了一些关于植物有性繁殖的想法。它的作者遮罗迦详细描述了一些植物的雄性和雌性植株。和卵源论、精源论的观点相似，《遮罗迦集》和《妙闻集》（*Susruta Samhita*）中提到了受精后的卵细胞中包含着一个微缩版的植物雏形，所有的器官都已具备，并称雄性的生殖细胞中有每个组织和器官的很小一部分。如果我们看到的译文是准确的话，貌似作者们已经承认了植物的配子、受精这些概念，当然也包括植物的性。除此以外，古印度就使用了一种基于植物的性别特征的双名命名法来给植物分类。印度占星师帕拉夏拉（Parashara，

公元前 250 年—公元前 120 年）在他的著作《植物生命科学》（*Vrikshayauveda*）中提出一种根据花朵的形态来给植物分类的方法，这比卡尔·林奈的《自然系统》早了大约两千年。

拉达和克里希纳情投意合、互许终身，于是拉达要求克里希纳送给她宝石做的手链，花朵做成的饰带。克里希纳不仅满足了她的要求，还称她在这段亲密关系中占据着主导权。

在植物的象征意义方面，花环总是会使人们联想到性、爱情和求婚。根据古印度的《摩奴法典》——公元前二世纪印度人种始祖摩奴所撰的法律文献，男子是不可以给已婚妇女送花或者香水的，因为这些礼物都有性暗示的意味。《欲经》（*Kama Sutra*）是古印度关于性爱的一部经典作品，其中就提到了一个游戏，人们会将自己事先用指甲或者牙印做上记号的花朵送给心仪的爱人。在这里，花朵和爱情之间的联系便不言而喻了。和其他文化一样，花朵也总是和女性联系在一起，用来表现她们的美丽，

左页图：《辛格王公和他的妻妾们》（*Maharaja Bijay Singh et son harem*），约 1770 年

我们在诗歌中就可以看到大量这样的例子。以下就是一首有代表性的印度爱情诗：

妇女们头戴着美丽的花环，
花环上是一朵朵
含苞待放的花蕾，
花朵的芬芳在空气中弥漫；
妇女们的腰间也系着
在山谷和丘陵里刚刚盛开的花朵，
温柔的气息萦绕着她们。

古代中国

在古代中国，并没有和欧洲的泰奥弗拉斯托斯相对应的科学家。但中国的学者们，尤其是秦汉时期的自然学家们，探讨了与之非常类似的问题。科学在欧洲和中国的起源基本上是同步的，都是在古代，但直到十九世纪，中国人才通过研究植物的繁

右页图：《兰花》，铁翁祖门，1857 年

殖方式，真正从自然科学的角度认知了花朵，发现它是植物的生殖器官。另一方面，在中世纪的欧洲，科学研究几乎完全陷入停滞，与此同时，中国作为东方的帝国一直在发展，包括植物学上的研究。中国的植物学家们对于植物的药用价值尤其感兴趣，也做了一些关于植物的分类和种植方法的研究，而对植物的生理学、营养学和植物的性完全不感兴趣。一些历史学家研究了植物学在古代中国的发展，他们得出的结论是目前并没有资料证明曾有人认真地研究过植物的繁殖和植物的性。

宋代理学家朱熹（1130 年—1200 年）的观点，或许可以帮助我们更好地理解当时的中国人对于植物的看法。朱熹被誉为儒学集大成者，虽然他研究的主要对象是人，但是哲学思想是同样可以运用到植物身上的。朱熹也常常用和植物有关的自然现象，来解答人类在生活中的困惑。当然，他也和其他的中国学者一样，对于植物在医药上的用途尤其感兴趣，他对植物的观察和描述以直观的形态描述为主，也提到了种子的形成和发芽。在他看来，植物发育过程中出现的这些现象就是自然而然发生的，所以并不需要去探求它们出现的理由和过程。就这样，他自然而然地承认了植物中存在着性，并称竹子、桑树、泡桐、大麻和银杏都分别有雄性和雌性的植株。这样看来，对于古代中国的科学家们来说，植物的性是否存在似乎从来都不是一个还需要探讨的问题。对朱熹而言，天地间的万物都有阴阳两面，那么植物界有雌雄之分自然也是再正常不过的事情了。

卡特兰

中国的文化中，同样经常赋予植物以象征意义。就连“中华”中的“华”字，在古代都通“花”，代表花朵，其重要意义可见一斑。而每种不同的花卉，也都有着不同的含义，既然在这里我们很难一一列举，不如就来看看其中非常有代表性的一个例子，兰花。有意思的是，中国文化和西方文化赋予了这种植物不同，甚至是相反的意义。在中国的文化中，

兰花象征着纯洁、正直与善良，而在西方的文化中，它却具有挑逗和诱惑的意味。迪奥科里斯甚至认为兰花有刺激性欲的作用；英语中的兰花（Orchis）这个词在希腊语中是睾丸的意思；在法国作家马塞尔·普鲁斯特的小说《追忆似水年华》中，男主人公斯旺和他的情妇奥黛特就是用“卡特兰”（Catleyas）来作为他们私会的暗号……与此相反，中文中的“兰”字，也就是兰花，代表着高洁、典雅、坚贞不渝。在中国古代有一种习俗，年轻人会在身上佩戴兰花用来辟邪；儒家学派创始人孔子也十分喜爱兰花，他将开在山中的兰花比作品德高尚的君子，因为它们孤傲地长在阴冷的山谷，尽管无人问津，也依旧会吐露芬芳；兰花在中国的文化中也可以代表女性的高贵和矜持；但是植物的象征意义从来都不是唯一的，兰花也是如此。中国古代也有不少善于绘画兰花的青楼女子，她们用兰花来表达自己自命不凡却又身不由己的境况。

左页图：《栖息在兰花上的蜂鸟》（*Colibri perché sur une orchidée*），马丁·约翰逊·海德，1901 年

DIANTHUS SINENSIS HEDDEWIGII

结束语：

那么，植物的性到底存在吗？

到这里，我们已经回顾了历史上人们对于植物的性的各种观点和研究。那么，植物的性到底存在吗？从生物学的角度上来说，答案显然是肯定的，植物需要通过性来繁衍后代，更重要的是，植物并不会自己选择生殖方式，它们不过是遵循大自然的法则，从而将物种延续下去。但从人文的角度来说，植物是否有性这个问题却复杂得多，不只是一个科学研究的禁区这么简单，它在某种程度上反映了时代、宗教、文化等的影响下一个社会的缩影。当人

左页图：《中国石竹》（*Oeillet de Chine*），路易斯·凡·胡特，1858 年

们在探索植物的性的时候，我们也看到了社会对性、对男性和女性（雄性和雌性）在繁殖中扮演的角色等等这些问题的看法。通过植物学家们孜孜不倦的研究，今天我们已经基本掌握了关于植物繁殖的所有秘密，但历史上人们对于这个问题的疑惑却没有彻底消失，在我们的语言中会经常出现自相矛盾的情况。比如一方面，法语中可以用“花朵凋零”（déflorer）这个词来表示失去童贞，但另一方面，人们也用“花朵”的复数形式（les fleurs）来代指月经，因为很长一段时间里人们都以为这就是女性的“精液”。不管是过去还是现在，植物界一直都是各种文化中象征符号最重要的灵感来源地之一，任由人类脑洞大开，自由发挥！

图书在版编目（CIP）数据

植物的秘密生活 / (法) 弗乐 · 斗盖著 ; 张碧思译 . -- 北京 : 台海出版社 , 2019.3
ISBN 978-7-5168-2216-6

Ⅰ . ①植… Ⅱ . ①弗… ②张… Ⅲ . ①植物—普及读物 Ⅳ . ① Q94-49

中国版本图书馆 CIP 数据核字 (2019) 第 020700 号

著作权合同登记号：01-2018-9030
Originaly published in french as "Les Plantes ont-elles un Sexe ? Histoire d'une Découverte" by Fleur Daugey

植物的秘密生活

著　　者：［法］弗乐 · 斗盖　　译　　者：张碧思

责任编辑：俞滟荣　　策划编辑：卢丹丹
特约编辑：高连飞　　责任印制：蔡　旭
版式设计：光合时代

出版发行：台海出版社
地　　址：北京市东城区景山东街 20 号　邮政编码：100009
电　　话：010 -64041652（发行，邮购）
传　　真：010 -84045799（总编室）
网　　址：www.taimeng.org.cn/thcbs/default.htm
E-mail：thcbs@126.com

经　　销：全国各地新华书店
印　　刷：北京美图印务有限公司
本书如有破损、缺页装订错误，请与社联系调换

开　　本：787mm × 1092mm　　1/32
字　　数：100 千字　　印　　张：7
版　　次：2019 年 5 月第 1 版　　印　　次：2019 年 5 月 1 次印刷
书　　号：ISBN 978-7-5168-2216-6

定　　价：59.80 元